新技术专家大讲堂系列丛书

U0810647

虚拟现实的10堂课

庞国锋　沈旭昆　马明琮　孙　靖　编著

電子工業出版社
Publishing House of Electronics Industry
北京 • BEIJING

内 容 简 介

本书以 10 堂课的形式全面系统地对虚拟现实进行介绍。其中，第一堂课介绍虚拟现实发展概况，主要包括概念解析、系统组成、发展历程、理性认知等；第二堂至第六堂课是虚拟现实的技术部分，主要介绍虚拟现实技术体系、硬件设备、软件工具、内容制作、行业应用等；第七堂课介绍虚拟现实艺术表现；第八堂课阐述虚拟现实的标准规范；第九堂课总结虚拟现实的产业发展；第十堂课描绘了虚拟现实的未来趋势。全书内容以科普虚拟现实基础知识、基本原理为主，但又不失一门新兴学科和技术体系的严谨性，同时，还单独阐述了虚拟现实艺术表现、标准规范和产业发展等热点话题。通过介绍具有代表性的观点、设备、软件、工具、产品等内容，使读者能够在短时间内了解、认识和掌握虚拟现实技术，并达到“让学生了解产业发展、让企业找到解决方案、让技术人员适应商业模式、让普通大众紧跟技术进步”的目的。

本书适合作为高等院校信息技术类学生、虚拟现实技术人员和普通爱好者的参考书。

未经许可，不得以任何方式复制或抄袭本书之部分或全部内容。
版权所有，侵权必究。

图书在版编目（CIP）数据

虚拟现实的 10 堂课/庞国锋等编著. —北京：电子工业出版社，2017.8
（新技术专家大讲堂系列丛书）
ISBN 978-7-121-32274-7

Ⅰ. ①虚…　Ⅱ. ①庞…　Ⅲ. ①虚拟现实－普及读物　Ⅳ. ①TP391.98-49

中国版本图书馆 CIP 数据核字（2017）第 173529 号

策划编辑：陈韦凯
责任编辑：万子芬　特约编辑：徐　宏
印　　刷：北京捷迅佳彩印刷有限公司
装　　订：北京捷迅佳彩印刷有限公司
出版发行：电子工业出版社
北京市海淀区万寿路 173 信箱　邮编　100036
开　　本：720×1 000　1/16　印张：13　字数：226 千字
版　　次：2017 年 8 月第 1 版
印　　次：2023 年 9 月第 6 次印刷
定　　价：55.00 元

凡所购买电子工业出版社图书有缺损问题，请向购买书店调换。若书店售缺，请与本社发行部联系，联系及邮购电话：（010）88254888，88258888。

质量投诉请发邮件至 zlts@phei.com.cn，盗版侵权举报请发邮件至 dbqq@phei.com.cn。

本书咨询联系方式：（010）88254441；bjcwk@163.com。

序　一

进入21世纪以来，以物联网、云计算、大数据、移动互联、虚拟现实为代表的新一轮信息技术突飞猛进，催生了全球信息化治理体系和人类生活方式产生深刻变革。世界各国都在加快抢占信息化发展制高点，力图赢得优势、赢得未来。

“十三五”时期是我国全面建成小康社会和进入创新型国家行列的决胜阶段，是深入实施创新驱动发展战略、全面深化科技体制改革的关键时期。2016年9月4日，习近平主席在杭州出席20国集团工商峰会开幕式时指出：“创新是从根本上打开增长之锁的钥匙，以互联网为核心的新一轮科技和产业革命蓄势待发，人工智能、虚拟现实等新技术日新月异，虚拟经济与实体经济的结合将给人们的生产方式和生活方式带来革命性变化。”随着国家一系列信息技术产业发展战略的实施，上述技术热点相继引爆，其中，作为新一代信息技术的集大成者——虚拟现实最为引人注目。

虚拟现实技术起源于20世纪60年代，它融合了媒体技术、传感器技术、互联网技术等众多技术，创造了一个能够“沉浸、交互、想象”的虚拟世界，成为下一代计算平台和互联网的新入口及交互环境，广泛应用于工业、农业、医疗、教育、国防、艺术等各行各业，给行业互联网应用和大众生活带来颠覆性影响，本身也成为技术发展和商业模式不断推陈出新的新兴产业。许多媒体将2016年称为虚拟现实产业元年，一个新的时代已经在向我们走来。

然而，我国虚拟现实产业整体上还处于起步阶段，核心关键技术积累仍然不足，产业链上下游关键器件缺失，新型材料、人体工学设计、开发工具等相关配套设施尚不成熟，行业管理还缺乏有效的手段。下一步，要在突破虚实融合渲染、真三维呈现、实时定位注册、适人性虚拟现实等一批关键技术，形成高性能真三维显示器、智能眼镜、动作捕捉和分析系统、个性化虚拟现实整套装置等核心设备和系统的同时，加大人才培养和科学普及的力度，在工业、医疗、文化、娱乐等行业实现专业化和大众化的示范应用，面向全社会培育发展虚拟现实产业。

在此环境下，庞国锋等同志的新书《虚拟现实的 10 堂课》出版了。这本书通过介绍具有代表性的设备、软件、工具、产品，使读者能够在短时间内了解、认识和掌握虚拟现实技术。它以科普性、趣味性为主，但又不失一门新兴学科和技术体系的严谨性，同时，还覆盖了虚拟现实艺术表现、标准规范和产业发展等热点话题，在“让学生了解产业发展、让企业找到解决方案、让技术人员适应商业模式、让普通大众紧跟技术进步”的道路上迈出了可喜的一步。

一门新兴产业的发展总是随着相关技术的发展与成熟度起伏发展的，关键在于坚持。同样，虚拟现实的发展离不开技术界、产业界和普通大众的支持，我希望有更多的人关注虚拟现实，也期待有更多的关于虚拟现实的有益读物面世。

赵沁平

2017 年 5 月

序　二

虚拟现实是新一代信息技术的集大成者，是具有巨大潜力的新兴产业。随着虚拟现实技术的日臻成熟，虚拟现实设备质量迅速提升、价格大幅降低，虚拟现实开始进入大众生活。以2014年Facebook 20亿美元收购Oculus为标志，虚拟现实产业化在全球迅速展开。越来越多的科技公司陆续推出自己的VR创新产品，引发了向虚拟现实产业投资的浪潮。

2016年3月国家“十三五”规划纲要明确提出：大力支持虚拟现实等新兴前沿领域创新和产业化，这是“虚拟现实”首次出现在国家规划之中。国家层面的支持开启了虚拟现实市场的全面爆发，必将助推我国虚拟现实产业成长升级，快速形成虚拟现实产业的核心竞争力，抢占未来竞争制高点。因此，2016年被视为我国虚拟现实产业元年，新的时代已姗姗而来。

华讯方舟科技有限公司成立于2007年，是全球领先的移动宽带网络综合服务商，是第三代卫星通信的引领者，是中国太赫兹技术研究与应用的拓荒者与领跑者，旗下控股的上市公司华讯方舟股份（000687.SZ）致力于推进国防与军队信息化建设。一直以来，我们都希望在弯道超车中，让中国的科技创新走在世界的最前沿，用实业强大自己的祖国。目前，在太赫兹领域，华讯方舟的技术水平已和美国站在了同一水平线上，甚至在某些领域实现了对美国的超越。

近年来，华讯方舟在虚拟现实与仿真事业上持续发力，其标志就是南京华讯成立了仿真事业部，陆续开发了光波导芯片、AR眼镜、VR头盔、VrEarth、GenEarth等虚拟现实仿真软硬件产品，承接了国防、工业、出版等多个领域的重大项目，并成功申请成为虚拟现实国家工程实验室理事单位。

未来，华讯方舟以“担当、引领、突破”的核心价值观，按照“为国家着想，为人民服务，按市场规律办事”的经营宗旨，在虚拟现实领域持续开拓进取，勇攀科技高峰，探索先进商业模式，形成解决方案—硬件设备—软件集成三位一体的、安全可控的产品体系，不断完善产业链。我们坚信科技创新是一个国家进步的根本，只要坚守初衷，脚踏实地，时刻不忘报国、强国的使命，我们的科技创新一定会做到世界最好。

是为序！

吴光胜

2017 年 5 月

前　言

进入21世纪以来，以物联网、云计算、大数据、移动互联、智能终端为代表的新一代信息技术突飞猛进，引发了人类社会的新一轮技术变革，正在深刻地改变着人们的生活。虚拟现实（Virtual Reality，VR）是新一代信息技术的集大成者，下一代的通用计算平台被认为是21世纪计算机领域最重要的研究方向之一。

虚拟现实技术起源于20世纪60年代，它的目标是通过各种技术手段创造一个能够“沉浸、交互、想象”的虚拟世界，使人们不仅能够逼真地感受到客观世界，而且能够得到真实世界无法亲身经历的体验。虚拟现实融合了媒体技术、传感器技术、互联网技术等众多技术，已广泛应用于工业、农业、医疗、教育、国防、艺术等各行各业，本身也成为技术发展和商业模式不断推陈出新的新兴产业。

为适应虚拟现实时代的到来和发展，我们编写了《虚拟现实的10堂课》，主要是从虚拟现实技术体系、产业发展、商业模式、未来趋势等角度，全面系统地对虚拟现实进行介绍。全书内容以科普虚拟现实基础知识、基本原理为主，但又不失一门新兴学科和技术体系的严谨性，同时，本书还单独阐述了虚拟现实艺术表现、标准规范和产业发展等热点话题，主要是想尝试通过编写一本综合性的教材专著达到“让学生了解产业发展、让企业找到解决方案、让技术人员适应商业模式、让普通大众紧跟技术进步”的目的。

本书作者团队由中国仿真学会虚拟现实专业委员会专家为主组成，汇集了虚拟现实技术及产业界众多企业和工作者的成果，第一堂至第六堂课主要介绍虚拟现实发展概况、技术体系、软硬件组成和行业应用等，由庞国锋编写；第七堂课介绍虚拟现实艺术表现，由马明琮编写；第八堂课阐述虚拟现实标准规范，由沈旭昆编写；第九堂课总结虚拟现实产业发展，由孙靖编写；第十堂课虚拟现实未来趋势以及全书的统稿工作由庞国锋完成。

感谢中国工程院院士、虚拟现实技术与系统国家重点实验室主任赵沁平先生在百忙之中专门为本书作序。赵院士数十年来致力于虚拟现实领域的研究及应用推广，正是他卓有成效的工作使得虚拟现实在中国蓬勃发展，为本书及其他专著的出现创造了条件。华讯方舟科技有限公司、华讯方舟股份有限公司董事长吴光胜先生不仅欣然为本书作序，而且亲自提供了华讯方舟近年来在虚拟现实等领域产品研发与未来规划的资料，这些资料融入了虚拟现实技术体系、软硬件组成、行业应用等章节的内容中。北航的胡勇、张磊，华讯方舟的朱震宇、刘伟伟等同志以及电子工业出版社工业技术分社徐静、陈韦凯编辑，都为本书的出版付出了巨大努力，在此一并表示感谢。

由于作者水平有限，书中难免有不足和疏漏之处，恳请广大读者批评指正。

编著者

2017 年 5 月 18 日

目　录

第一堂课　虚拟现实发展概况

一、概念解析

二、系统组成

三、基本特征

四、发展历程

五、理性认知

一、概念解析

虚拟现实（VirtualReality，VR；又译作灵境）技术产生于 20 世纪 60 年代，最早源于美国军方的作战模拟系统。虚拟现实这一名词是由美国 VPL 公司创建人拉尼尔（Jaron Lanier）在 80 年代初提出的，虚拟现实中的“现实”是泛指在物理意义上或功能意义上存在于世界上的任何事物或环境，它可以是实际上可实现的，也可以是实际上难以实现的或根本无法实现的。而“虚拟”是指用计算机生成的意思。因此，虚拟现实是指用计算机生成的一种特殊环境，人可以通过使用各种特殊装置“进入”这个环境中，并操作、控制环境，实现特殊目的，即人是这种环境的主宰。

VR 主要有三方面的含义：

第一，虚拟现实是借助计算机生成逼真的实体，“实体”是对于人的感觉（视、听、触、嗅）而言的。

第二，用户可以通过人的自然技能与这个环境交互，自然技能是指人的头部转动、眼动、手势等其他人体的动作。

第三，虚拟现实往往要借助于一些三维设备和传感设备来完成交互操作。

虚拟现实技术是一项综合集成技术，涉及计算机图形学、多媒体技术、传感器技术、人工智能、网络技术、模式识别、人机工程、电子学、数学、力学、声学、光学、机械和生理学等自然学科和技术学科，它用计算机生成逼真的三维视、听、嗅觉等感觉，使人作为参与者通过适当装置，通过视觉、听觉和触觉等多种感觉通道自然地对虚拟世界进行体验和交互。虚拟现实的原理如图 1-1 所示。

在虚拟现实的基础上，又出现了增强现实和混合现实的概念。其中，增强现实技术（Augmented Reality，AR）是将计算机生成的虚拟信息合成到用户感知的真实世界中的一种技术，利用实时计算摄影机影像位置及角度，通

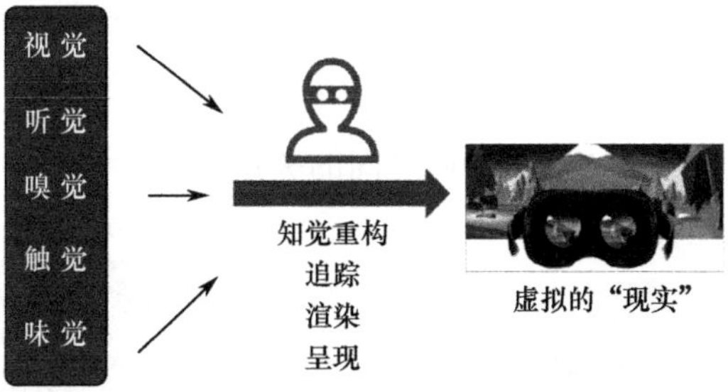

图 1-1　虚拟现实的原理

过全息投影，在镜片的显示屏幕中将虚拟世界与现实世界叠加，实现对真实世界的增加和强化。混合现实技术（Mixed Reality，MR）是指结合真实和虚拟世界创造新的环境和可视化三维世界，物理实体和数字对象共存、并实时相互作用，是虚拟现实技术的进一步发展。从概念来看，AR 和 MR 并没有明显的分界线，都是将虚拟的景物放入现实的场景中。在 AR 的视界中，出现的虚拟场景通常都是一些二维平面信息，这些信息甚至可能和我们目前看到的事物无关，功能只是在不影响我们正常视线的情况下起到提示的作用，所以这些信息会固定在那里，无论我们看哪个方向，该信息都会显示在视野中这个固定的位置上。而 MR 则是将虚拟场景和现实融合在一起，只有我们看向那个方向的时候，才会看到这些虚拟场景，看向其他方向时就会有其他的信息显示出来，而且这些信息和背景的融合性更强。简单来说，虚拟信息如果跟随视线移动就是 AR，如果想对于真实物品固定的就是 MR。

尽管 VR、AR、MR 都涉及虚拟成像，但三者还是存在一些本质上的区别：

（1）表现特征和侧重点不同。VR 以想象为特征，创造与用户交互的虚拟世界场景，把人从精神上送到一个虚拟世界，重在“以假乱真”，AR 以虚实结合为特征，将虚拟物体、信息和真实世界叠加，实现对现实的增强，在现实世界里更好地导航，重在“亦真亦假”。MR 则是以虚拟物体和真实物体交互为特征，共存现实和虚拟世界融合而产生的新的可视化环境，重在“真假不分”。

（2）与现实世界的关系不同。VR 通过产生虚拟影像，将人眼与真实世界遮断。相比虚拟现实，AR 通过叠加虚拟的影像，与真实世界的联系并未切断。MR 使物理和数字对象共存于新的可视化环境，并实时互动，使交互方式更加自然。

（3）技术实现方式不同。VR 的视觉呈现方式是阻断人眼与现实世界的连接，通过设备实时渲染的画面，营造出一个全新的世界。AR 的视觉呈现方式是在人眼与现实世界连接的情况下，叠加全息影像，加强其视觉呈现的方式。

MR 是虚拟现实技术的进一步发展，该技术在虚拟世界、现实世界和用户之间搭起一个交互反馈的信息回路，以增强用户体验的真实感。

图 1-2 显示了 VR、AR 和 MR 之间的关系。

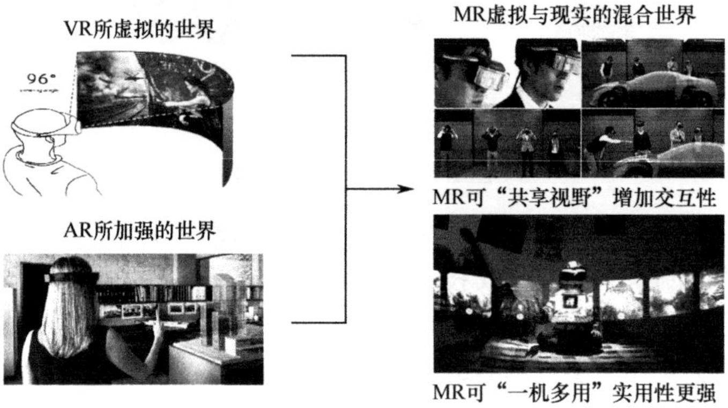

图 1-2 VR、AR、MR 的关系

二、系统组成

一般的虚拟现实系统主要由专业图形处理计算机、输入/输出设备、应用软件和数据库等部分组成，其模型如图 1-3 所示。虚拟现实技术的特征之一就是人机之间的交互性，因此，为了实现人机之间信息的充分交换，必须设计特殊输入和输出工具，以识别人的各种输入命令，且提供相应反馈信息，实现真正的仿真效果。不同的项目根据实际的应用可以有选择地使用这些工具，主要包括头盔式显示器、跟踪器、传感手套、屏幕式立体显示系统、三维立体声音生成装置等。

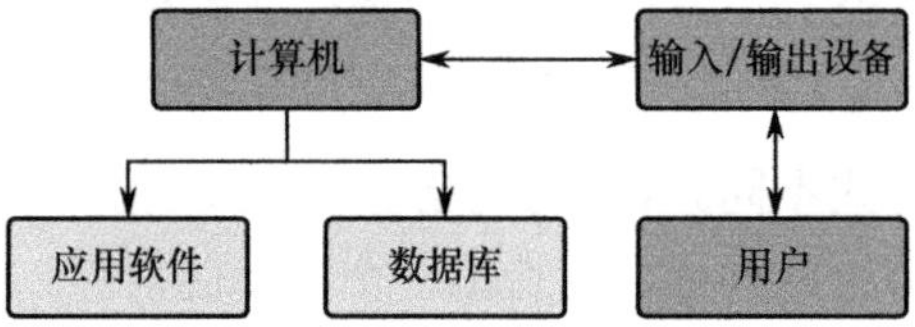

图 1-3 虚拟现实系统模型

1. 计算机

在虚拟现实系统中，计算机起着至关重要的作用，可以称之为虚拟现实世界的心脏，它负责整个虚拟世界的实时渲染计算，用户和虚拟世界的实时交互计算等功能。由于计算机生成的虚拟世界具有高度复杂性，尤其在大规模复杂场景中，渲染虚拟世界所需的计算量极为巨大，因此虚拟现实系统对计算机配置的要求非常高。

2. 输入/输出设备

虚拟现实系统要求用户采用自然的方式与虚拟世界进行交互，传统的鼠标和键盘是无法实现这个目标的，这就需要采用特殊的交互设备，用于识别用户各种形式的输入，并实时生成相应的反馈信息。目前，常用的交互设备有用于手势输入的数据手套、用于语音交互的三维声音系统、用于立体视觉输出的头盔显示器等。

3. 应用软件

为了实现虚拟现实系统，需要很多辅助软件的支持。这些辅助软件一般用于准备构建虚拟世界所需的素材。例如，在前期数据采集和图片整理时，需要使用 AutoCAD 和 Photoshop 等二维软件和建筑制图软件；在建模贴图时，需要使用 3d Max，Maya 等主流三维软件；在准备视音频素材时，需要使用 Audition、Premiere 等软件。

为了将各种媒体素材组织在一起，形成完整的具有交互功能的虚拟世界，还需要专业的虚拟现实引擎软件，它主要负责完成虚拟现实系统中的模型组装、热点控制、运动模式设立、声音生成等工作。另外，它还要为虚拟世界和后台数据库、虚拟世界和交互硬件建立起必要的接口联系。成熟的虚拟现实引擎软件还会提供插件接口，允许客户针对不同的功能需求自主研发一些插件。

4. 数据库

在虚拟现实系统中，数据库的作用主要是存储系统需要的各种数据，例如，地形数据、场景模型、各种制作的建筑模型等方面的信息。对于所有在虚拟现实系统中出现的物体，在数据库中都需要有相应的模型。

如图 1-4 所示为基于头盔显示器的典型虚拟现实系统。它由计算机、头盔式显示器、数据手套、力反馈装置、话筒、耳机等设备组成。该系统首先由计算机生成一个虚拟世界，由头盔式显示器输出一个立体显示的景象；用户可以通过头的转动、手的移动、语音等与虚拟世界进行自然交互；

计算机能根据用户输入的各种信息实时进行计算，即时对交互行为进行反馈，由头盔式显示器更新相应的场景显示，由耳机输出虚拟立体声音、由力反馈装置产生触觉（力觉）反馈。

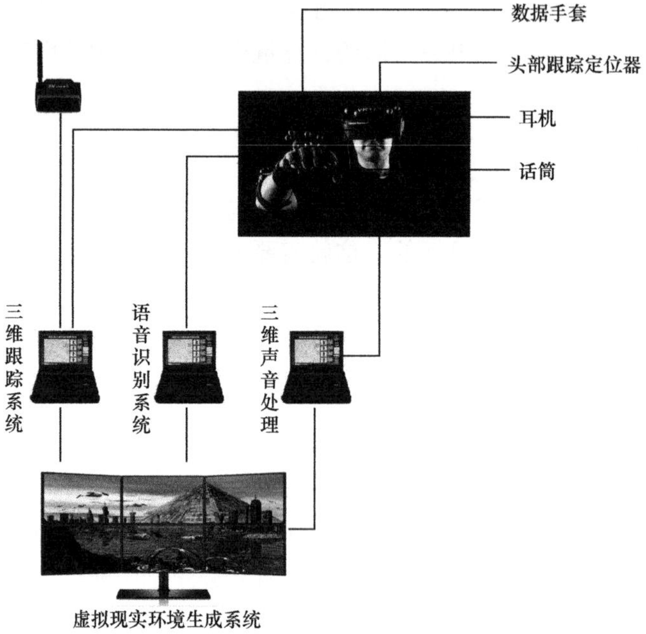

图 1-4　基于头盔显示器的典型虚拟现实系统

三、基本特征

虚拟现实基于动态环境建模技术、立体显示和传感器技术、系统开发工具应用技术、实时三维图形生成技术、系统集成技术等多项核心技术，主要围绕虚拟环境表示的准确性、虚拟环境感知信息合成的真实性、人与虚拟环境交互的自然性，解决了实时显示、图形生成、智能技术等问题，使得用户能够身临其境地感知虚拟环境，从而达到探索、认识客观事物的目的。虚拟现实具有以下三个重要特征，常被称为虚拟现实的3I特征（如图 1-5 所示）。

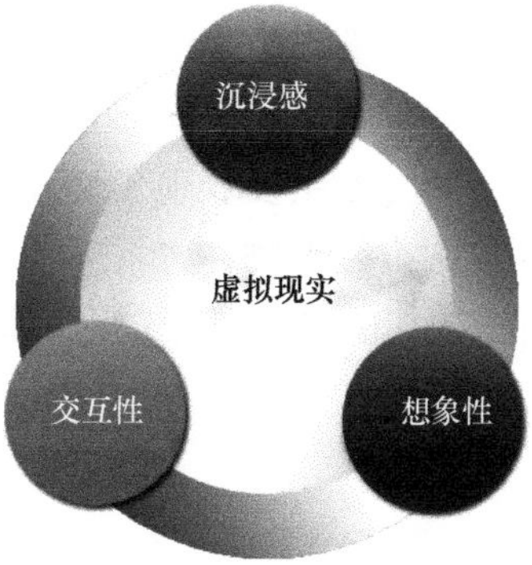

图 1-5　虚拟现实的 3I 特性

（1）沉浸感（Immersion）。沉浸感又称临场感，指用户感到作为主角存在于模拟环境中的真实程度。虚拟现实技术最主要的技术特征是让用户觉得自己是计算机系统所创建的虚拟世界中的一部分，使用户由观察者变成参与者，沉浸其中并参与虚拟世界的活动。理想的模拟环境应该使用户难以分辨真假，全身心地投入计算机创建的三维虚拟环境中。该环境中的一切看上去是真的，听上去是真的，动起来是真的，甚至闻起来、尝起来等一切感觉都是真的，如同在现实世界中的感觉一样。沉浸性来源于对虚拟世界的多感知性，除了常见的视觉感知外，还有听觉感知、力觉感知、触觉感知、运动感知、味觉感知、嗅觉感知等。从理论上来说，虚拟现实系统应该具备人在现实世界中具有的所有感知功能，但鉴于目前技术的局限性，在现在的虚拟现实系统的研究与应用中，较为成熟或相对成熟的主要是视觉沉浸、听觉沉浸、触觉沉浸技术，而有关味觉与嗅觉的感知技术正在研究之中，目前还很不成熟。

（2）想象性（Imagination）。指虚拟现实技术应具有广阔的可想象空间，可拓宽人类认知范围，不仅可再现真实存在的环境，也可以构想客观不存在的甚至是不可能发生的环境。虚拟的环境是人想象出来的，同时这种想象体现出设计者相应的思想，因而可以用来实现一定的目标。虚拟现实技术的应用为人类认识世界提供了一种全新的方法和手段，可以使人类跨越时间与空间，去经历和体验世界上早已发生或尚未发生的事件；可以使人类突破生理上的限制，进入宏观或微观世界进行研究和探索；也可以模拟因条件限制等原因而难以实现的事情。

（3）交互性（Interactivity）。指用户对模拟环境内物体的可操作程度和从环境得到反馈的自然程度。交互性的产生，主要借助于虚拟现实系统中的特殊硬件设备（如数据手套、力反馈装置等），使用户能通过自然的方式，产生同在真实世界中一样的感觉。虚拟现实系统比较强调人与虚拟世界之间进行自然的交互，交互性的另一个方面主要表现了交互的实时性。例如，用户可以用手去直接抓取模拟环境中虚拟的物体，这时手有握着东西的感觉，并可以感觉物体的重量，视野中被抓的物体也能立刻随着手的移动而移动。

四、发展历程

当远古人类在坚硬的岩石上刻下狩猎场景时（图 1-6），他们内心肯定是充满了对另外一个满是猎物的美好世界的向往和占有的欲望，这既是人类文明的曙光，也是虚拟现实最古老的起源。

图 1-6　原始人类的岩画

公元前 427 年，古希腊时代著名哲学家柏拉图在《理想国》（图 1-7）里提出了“两个世界”的著名哲学概念：一个是完美概念的世界，直接作用于这个世界的万事万物的各种形态；另一个是现实世界，是完美理想的不完美再现。他做了一个“洞穴比喻”，即“真实的世界在洞穴之外，洞穴内是真实世界的复制。只看到自身的影子会被困在洞穴之中，而洞穴之外的强光又会使一部分人不愿意离开洞穴。”这应该是关于虚拟现实最早的描述。

图 1-7　“理想国”中关于虚拟现实的描述

随着历史的发展，人类不仅把对另外世界的向往和想象诉诸神话、诗歌等语言形式，而且以既有的技术手段将它们诉诸视觉形象和声音形式。1932 年，英国著名作家阿道司·赫胥黎（Aldous Leonard Huxley）推出其著名长篇小说《美丽新世界》（图 1-8），这本以 26 世纪为背景，描写了机械文明的未来社会中人们的生活场景的书，里面提到“头戴式设备可以为观众提供图像，气味，声音等一系列的感官体验，以便让观众能够更好地沉浸在电影的世界中。”

图 1-8　美丽新世界

1935 年，美国著名科幻小说家斯坦利·威因鲍姆发表了小说《皮格马利翁的眼镜》。书中提到一个叫阿尔伯特·路德维奇精灵族教授发明了一副眼镜，戴上这副眼镜后，就能进入电影当中，“看到、听到、尝到、闻到和触到各种东西。你就在故事当中，能跟故事中的人物交流。你就是这个故事的主角”。这是学界认为对“沉浸式体验”的最初详细描写，里面说到的眼镜和今天的虚拟现实设备竟然毫无二致。

原始人的岩画，各个时代的雕塑、绘画视觉艺术，以及近现代出现的透视画、全景画、立体图镜、电影、电视等构成了虚拟现实的史前史，而电影、电话、电视、计算机以及信息技术的长期发展，则为虚拟现实问世提供了充分的技术准备。以 1960 年电影摄影师 Morton Heilig 提交的“用于个人使用的立体电视设备”为标志，VR 正式从人们的想象走进了现实世界。从那时至今，VR 技术发展大致经历了三个阶段。

1．20 世纪 60 至 70 年代，VR 技术的探索时期

1965 年美国科学家 Ivan Sutherland 在《终极的显示》中提出：观察者不是通过屏幕来观看计算机生成的虚拟世界，而是生成一种使观察者沉浸并与之互动的环境，这是 VR 技术探索的里程碑。Sutherland 在哈佛大学的组织下，于 60 年代末研制出了第一个功能齐全的 HMD（头盔式显示器）系统，该系统含有能模拟力量和触觉的力反馈装置，能将虚拟空间的感受直接与人的体验结合起来，让人们通过 HMD 进入虚拟空间，亲自体验虚拟世界的奇妙之处。1973 年，Myron Krueger 提出了“Artificial Reality”，这是早期出现的虚拟现实的专有词汇，这个词语反映出当时 VR 技术发展中人的因素所起到的重要作用。

2．20 世纪 80 年代，VR 技术从研发开始进入系统化应用时期

这一时期，VR 技术不再局限于实验室中的单个实验设备研究，人们开始将系列的设备进行整合，从视、触、听、感等多方面考虑 VR 环境的建构，此阶段开始形成虚拟现实技术的基本概念。这一时期出现了两个比较典型的虚拟现实系统，即 VIDEOPLACE 与 VIEW 系统。VIDEOPLACE 是 Myron Krueger 在 70 年代中期建立的，这个系统着重是环境的构建，通过一些视频设备如摄像机、投影仪等硬件构建一个虚拟的人工环境，使用者进入这个环境中就可以不再借助其他专用虚拟设备的辅助而直接感受虚拟现实情景，并实现与这个人工环境的交互，VIDEOPLACE 的思想主要就是虚拟场景的建构。

80 年代初，美国军方将虚拟场景的理念应用于军事训练中，DARPA（Defense Advanced Research Projects Agency）开发了虚拟战场系统 SIMNET，通过这个系统为坦克的编队作战提供全新的训练方式，以最安全的形式实现军队作战能力的提升。VIEW 系统（虚拟交互世界工作站）主要是为外太空的探索和新物质的发现而开发的虚拟现实设备，它是美国国家航空航天局及美国国防部为了进行火星的探测而开发的一个图形工作站。人们将火星上收集的数据输入 VIEW 系统中，结合已知火星的相关数据构建虚拟的火星表面环境，从而为进一步的研究提供参考并不断完善对未知世界的理解。这一时期围绕这两个 VR 技术开发的方向诞生了大量科研成果。1989 年，美国 Jarn Lanier 正式提出"Virtual Reality（虚拟现实）"一词，简称为 VR，为 VR 技术的下一步发展指明了前进的方向。

3．80 年代末至今，VR 技术高速发展时期。

这一阶段计算机技术、网络技术发展迅速，计算机软件性能大大扩展。软件应用层的开发与低层硬件分隔越发明确，1992 年，Sense8 公司开发了"WTK"开发包，将设备硬件的许多操作融为了一个完整的工具集，为 VR 技术提供了更高层次上的应用。许多针对 VR 技术开发的高级语言、应用软件伴随网络的发展而迅速产生，VR 开发标准也日益完善。

1994 年 3 月，日内瓦召开的第一届万维网大会上首次针对 VR 技术在网络上的应用提出了 VRML 这个名字，从 VRML94 到 VRML97 再到 X3D，网络三维建模语言伴随网络三维作品的大量产生而不断完备。飞速发展的计算机软硬件技术大大扩展了 VR 技术的应用范围，硬件设备性能提升使得大型数据的采集，图像的实时反映，动画制作等成为可能，相关的 VR 系统应运而生。1994 开始，日本游戏公司 Sega 和任天堂分别针对游戏产业陆续推出 SegaVR-1 和 VirtualBoy 等产品，在当时业内引起了不小的轰动。这一时期，方便、实用、好用的 VR 输入/输出设备相继应用，人机交互性能日益提高，系统仿真度的设计在不断创新，为 VR 技术的发展打下了良好基础。许多的高科技设备的研发借助 VR 技术取得了成功，反过来进一步刺激了 VR 技术的开发。

2014 年，Facebook 以 20 亿美元收购了 Oculus，引爆了 VR 商业化进程。2014 年以后，在资本与产品共振影响下，VR 产业以迅雷不及掩耳之势发展，成为学术界、工业界、投资界目前最重要的主题之一。从各咨询研究机构预测数据来看，虚拟现实/增强现实未来 5 年将实现超高速增长。VR 的产业化已进入爆发的前夜。虚拟现实技术已开始在医学、军事、房地产、设计、考古、艺术、娱乐等诸多领域得到了越来越广泛的应用，给社会带来了巨大的经济效益。因此业内人士认为，20 世纪 80 年代是个人计算机的时代，90 年代是网络、多媒体的时代，而 21 世纪则将是虚拟现实技术的时代。

VR 发展简史与标志性事件见图 1-9。

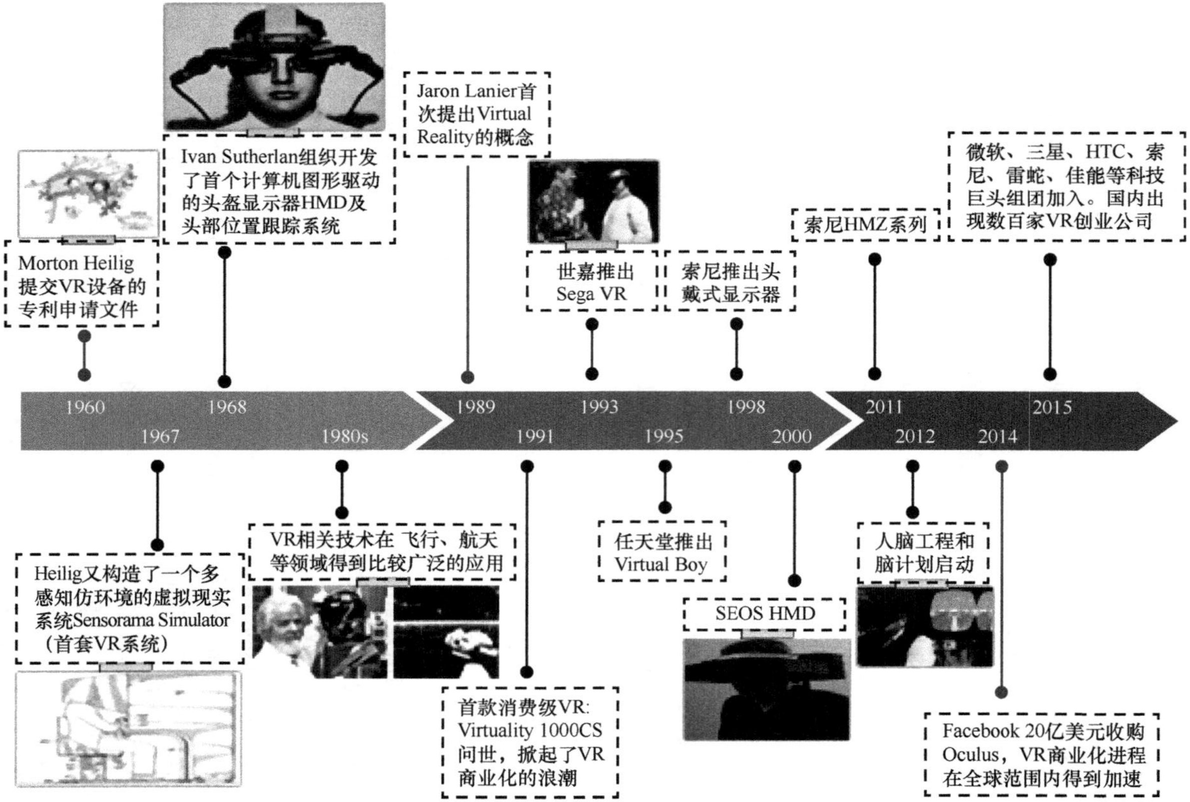

图 1-9　VR 发展简史与标志性事件

五、理性认知

虚拟现实本质上是一种创新性的基于数字信息的视觉化技术，它将从多个层面、领域及应用去改变人类的视觉内容供给和体验方式，最终将人类带入感官体验极致的数字化视觉时代，那或许将是一个所思、所想、所见、所传随心所欲，无所羁绊的时代。近年来，人们被 VR 在各行各业应用所产生的颠覆性效果所震撼，这使得 VR 设备和企业数量上有了爆发式的增长。在这个阶段，对 VR 保持清醒冷静的认知对 VR 技术的快速发展尤为重要。

1. VR 是虚拟世界和真实世界的辩证统一，是对客观世界的易知、易用化改造

作为一种新型的认识工具，虚拟现实技术的作用在模型方法上得到了集中的体现。无论是 VR、AR 还是 MR，它们都没有改变真实的世界，而是通过虚拟世界与现实世界互相作用改变了人类的认知。VR 对客观世界的易知、易用化改造体现在：

（1）通过对信息数据的可视化建模，将抽象的事物具象化，能达成人类一维、二维到三维甚至多维的感知。

（2）人类作为虚拟世界的观察者和体验者，可以突破物理尺寸的限制，自主控制视角的变化。

（3）从传统的键盘、鼠标交互发展到手眼协调、自然的人机交互，从而简化了认知，解放了想象力。

图 1-10 说明了虚拟现实观察视角的自主性。

2. VR 的作用对象是人而不是物，是未来互联网虚拟世界的入口和交互环境

虚拟现实以人的直观感受体验为基本评判依据，是人类认识世界、改造

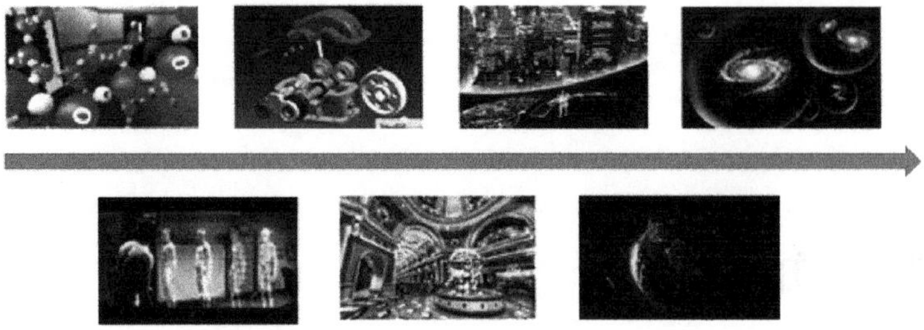

从左到右依次为虚拟原子、虚拟人体、虚拟机器、虚拟建筑、虚拟城市、虚拟地球、虚拟宇宙

图 1-10 虚拟现实观察视角的自主性

世界的一种新的方式手段。同时，虚拟现实本身并不是生产工具，它通过影响人的认知体验，间接作用于“物”，进而提升效率。在全球互联网入口终端升级浪潮的背景下，现有的智能手机配置已不能完全满足物联网时代连接人与人、人与物和物与物的强关系需求，人机交互平台高智能化升级是大势所趋。VR 目前在用户体验和交互上已显现出超越智能手机的潜力，同时，虚拟现实是一项颠覆性技术，与传统产业的连接可带来无数新的市场空间，就像“互联网+”，未来将会出现“VR+”。因此，VR 是下一代人机交互平台的强力候选，将成为未来互联网所构成的虚拟世界的入口和交互环境（图 1-11）。

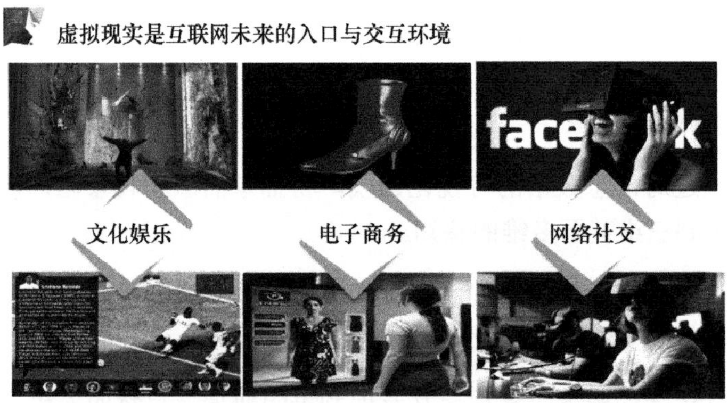

图 1-11 虚拟现实是未来互联网虚拟世界的入口和交互环境

3. 硬件的成熟降低了 VR 的门槛，但行业的核心技术难题依旧存在

在虚拟现实 40 多年的发展历程中，有过多次高峰和低谷，Facebook 对 Oculus 的收购重新激发了这一轮的热潮，虚拟现实技术从 20 世纪 90 年代的泡沫破灭后的沉寂中恢复过来，重新成为众多资本、媒体和用户热烈追逐的香饽饽。过去硬件发展上的不成熟在很大程度上阻碍了 VR 产业的崛起。但随

着智能手机的快速发展，VR 大规模进入市场所需要的硬件，例如低功耗计算、精确的传感器、性能强大的 GPU 等都发展成熟，极大降低了 VR 系统的生产成本。

虽然硬件的成熟助推了 VR 入门门槛的降低，但 VR 行业依然面临着不少问题：

（1）用户体验感不强。VR 设备产品同质化严重，山寨模仿层出不穷。由于屏幕的清晰度不够产生的颗粒感、画面延迟导致的眩晕感（图 1-12）、实际体验中缺失的沉浸感，都直接影响了用户体验。

（2）VR 内容匮乏。内容是 VR 的灵魂。主要包括 VR 游戏、VR 电影、VR 直播几种类型，由于成本较高，制作困难，VR 电影、视频普遍较短，VR 游戏基本上是 DEMO，造成了 VR 内容匮乏，对用户的吸引力不强。

（3）行业标准缺失。由于缺乏统一标准，各厂商硬件产品五花八门，造成内容生产和硬件不匹配，VR 的开发成本和难度居高不下。

由以上分析可见，虚拟现实现在应该具备的产业基础、内容基础和技术基础都处于逐渐成熟的过程中，VR 产业还处于刚刚起步的探索阶段，VR 整体发展还会受到技术与产业两方面的制约，需要技术上和产业界更紧密的合作。因此，在本书以下 9 堂课的内容中，将从 VR 技术和产业两个方面对虚拟现实进行全面介绍。

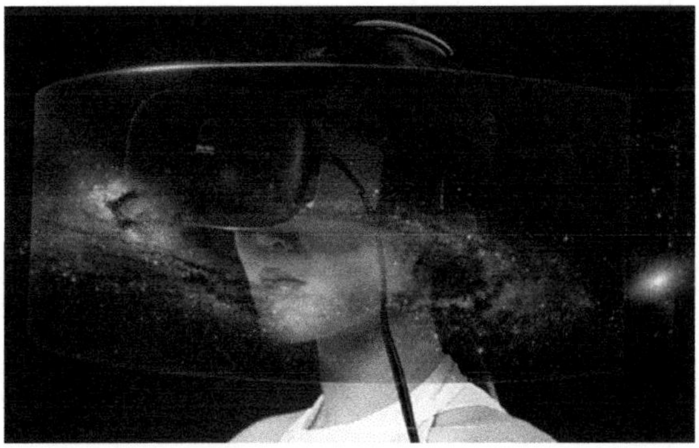

图 1-12　虚拟现实眩晕症

第二堂课　虚拟现实技术体系

一、感知技术

二、建模技术

三、呈现技术

四、交互技术

虚拟现实技术的目的在于达到真实的体验和自然的交互，其技术体系主要由感知、建模、呈现和交互四大类技术组成（图 2-1）。

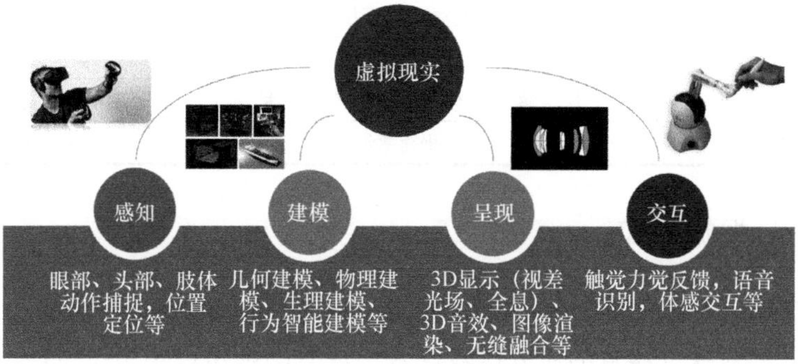

图 2-1　虚拟现实技术体系

一、感知技术

感知是人类通过感觉器官对客观事物的信息直接获取并进行认知和理解的过程。人的感觉器官是外部世界与大脑的数据通道。在虚拟世界中，所有感觉器官的交互都依赖于各种特定的传感装置，这些装置使用各种物理现象（如声、光、热等）刺激人体的感觉器官；感觉器官将刺激信号转变为神经信号，这些神经信号沿着神经系统的通道传送给大脑，经过大脑的分析，最终得出正确的人体感觉。因此，对人的感觉器官进行生理解剖和研究，有助于发现人体的感知规律，从而设计出人性化的传感装置和交互设备。表 2-1 列出了人体的各种感觉器官以及相关的交互设备。

表 2-1　人体感觉器官以及相关交互设备

人体的感觉器官	说　明	显示设备
视觉	感受可见光	显示器、投影仪等
听觉	感受声波	耳机、喇叭等
嗅觉	感受空气中的化学成分	气味生成装置

（续）

人体的感觉器官	说　明	显示设备
味觉	感受液体中的化学成分	—
触觉	皮肤感受温度、压力、纹理等	触觉传感器
力觉	肌肉感受力度	力觉传感器
身体感觉	感知肢体或躯干的位置和角度	数据衣等
前庭感觉	平衡感觉	动平台等

（一）视觉感知

视觉是人类感知世界的最重要通道，人类感受到的信息 80%来源于视觉。目前，人们对视觉器官的研究比较深入，现有的虚拟现实系统也能够实现非常逼真的视觉沉浸感。

视觉系统的生理结构如图 2-2 所示，它主要由角膜、前房、后房、晶状体、玻璃体及视网膜等部分组成。除视网膜外的其他部分共同组成一套光学系统，使来自外界的光线发生折射，在视网膜上形成倒立的影像。

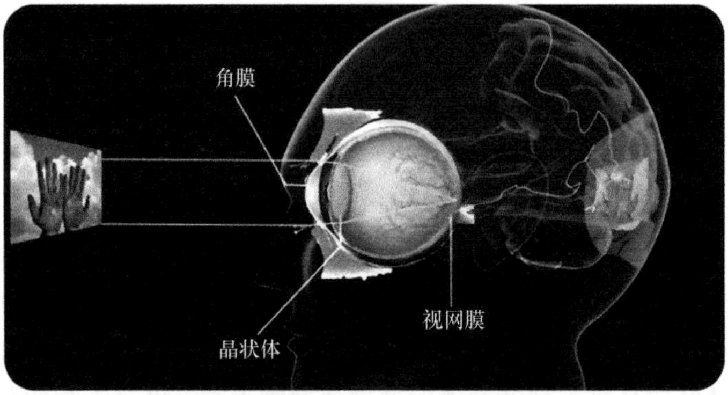

图 2-2　视觉系统的生理结构

视网膜是处于眼睛背部的多层神经细胞，这些细胞中包含了一定数量的光感受器。这些光感受器在受到特定波长光的刺激时，会通过神经网络向大脑发出电信号。大脑通过电信号的分析，最终感受到视网膜上的影像。脊椎动物的视网膜中有两种光感受器，其中视杆细胞负责低分辨率、单色、夜间的视觉；视锥细胞负责高分辨率、彩色、白天的视觉。

一般认为，人的视觉器官主要包含立体视觉、屈光度、瞳孔调节、分辨力、明暗适应、周围视觉和中央视觉、视觉暂留、视场等 8 种不同的视觉参数，其他参数还没有充分考虑到。

（二）听觉感知

听觉是人类感知世界的第二大通道。人们对听觉器官的研究已经很深入，也实现了各种声音的模拟技术。听觉系统的生理结构如图 2-3 所示，人耳的结构包括外耳、中耳和内耳。外耳包括耳郭和外耳道，主要起集声作用。中耳包括鼓膜、听骨链、咽鼓管等结构，主要起传声作用。内耳包括耳蜗、前庭和半规管，主要起感声作用。

人耳感受声音的过程比较复杂。总体来说，声音源以机械波的形式存在于空气中，经耳郭收集后，传递至外耳、中耳、内耳，其间能量的形式不断转换，以适合各部分听觉器官的接收，最后传至大脑，从而成为可被理解的有用信息。

人的听觉器官包含频率范围、音色、声音强度以及定位等 4 种感知参数。目前虚拟现实系统已能够充分利用上述 4 个听觉参数，生成真实的、具有三维立体感的声音效果。

听觉系统的生理结构如图 2-3 所示。

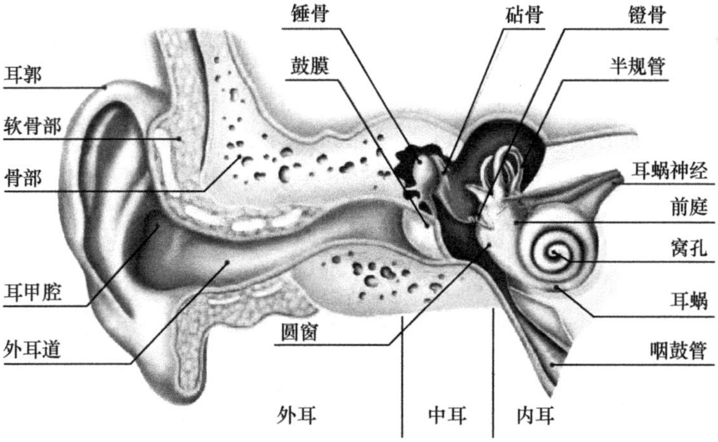

图 2-3　听觉系统的生理结构

（三）嗅觉和味觉

嗅觉和味觉都是由化学成分刺激人的鼻腔和口腔中的感觉细胞而产生的，如图 2-4 所示。嗅觉是一种由感官感受的知觉，它由两个感觉系统参与，

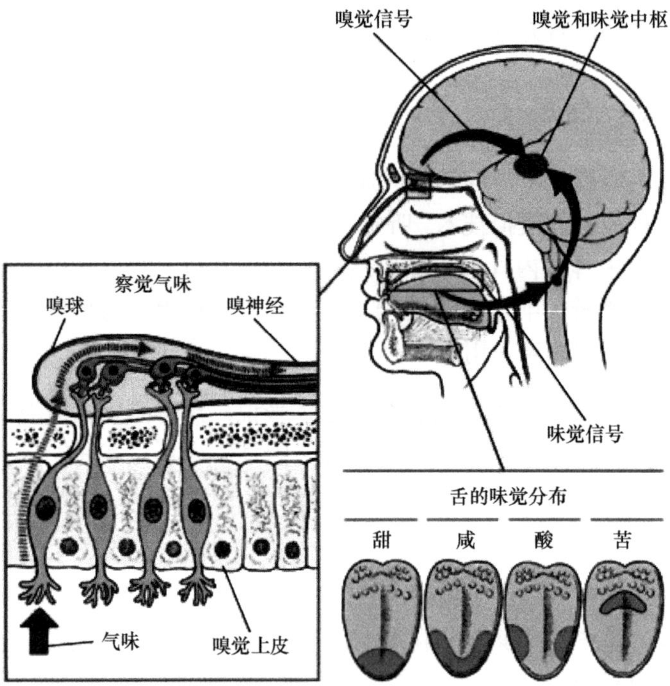

图 2-4　味觉和嗅觉的生理结构

即嗅神经系统和鼻三叉神经系统。嗅觉是外激素通信实现的前提。嗅觉的感受器位于鼻腔上方的鼻黏膜上，其中包含了支持功能的皮膜细胞和特化的嗅细胞。在嗅上皮中，嗅觉细胞的轴突形成嗅神经。嗅束膨大呈球状，位于每侧脑半球额叶的下面；嗅神经进入嗅球。嗅球和端脑是嗅觉中枢。外界气味分子接触到嗅感受器，引发一系列的酶级联反应，实现传导。

味觉和嗅觉的原理极其相似，是通过味蕾得到味觉信息，传递到丘脑，然后投射到高级的味觉皮层。嗅觉和味觉会互相整合和作用。嗅觉是一种远感，即它是通过长距离感受化学刺激的感觉。相比之下，味觉是一种近感。

由于对味觉和嗅觉运作的情形的研究还不是特别清楚，因此，目前支持对味觉和嗅觉的虚拟现实系统并不多。有一些虚拟现实产品内置了加热装置、冷冻装置、喷雾装置、振动引擎、麦克风等相关的嗅觉设备，或者实现了一些电极形式的味觉设备，但离自然的味觉和嗅觉还很远。

（四）触觉和力觉

触觉和力觉是指人体表面感受到的信息。人体表面约有 20 多种不同的神经末梢，这些神经末梢包括了冷热感知器、疼痛感知器、压力感知器、接触感知器等。当这些神经末梢受到刺激后就会给大脑发送信息，大脑最终将这些信号解释为各种感觉。图 2-5 显示了人体皮肤表面感知器的分布。虚拟现实系统中的各种交互设备

就是通过各种手段来刺激人体表面的神经末梢，从而使用户达到身临其境的接触感。

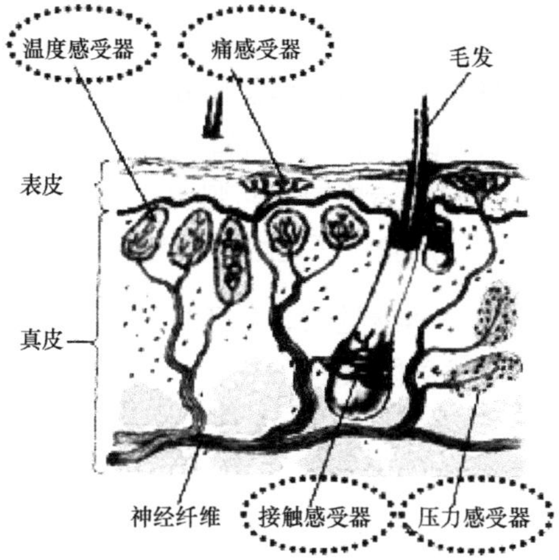

图 2-5　人体皮肤表面感知器的分布

（1）触觉。触觉感知一般是指浅层皮肤的感受，它给用户提供的信息包括疼痛、振动、压力，以及物体表面的形状、纹理、光滑度、温度等。例如，当皮肤表面与物体接触时会产生接触感；当皮肤表面受到挤压时会产生压力感；当皮肤表面受到周期性刺激时会产生振动感。

（2）力觉。力觉感知一般是指皮肤深层的肌肉、腿和关节运动感受到的力量感和方向感，例如，用户感受到的物体重力、方向力、阻力等。虚拟现实系统在触觉和力觉接口方面的研究还非常有限。虽然人们已经制造出了各种刺激用户指尖的手套，但是它们只是提供简单的高频振动、小范围的形状或压力分布以及温度特性，由此来刺激皮肤表面上感知器。这些只能看作是对“接触”含义的粗略解释，仍然不能完全满足这方面沉浸感的需要。

（五）身体感觉

除了上述简单的触觉和力觉感知外，刺激身体的不同部位，人们还会产生下面三种身体感觉。

（1）深度感觉。与身体外表的触觉和力觉不同，深度感觉提供关节、骨、腱、肌肉和其他内部组织的信息，表现为身体内部的压力、疼痛和振动等感受。这些感受主要与人体内众多肌肉群的收缩和舒张有关。

（2）内脏感觉。它反映胸腹腔中内脏的状况，当身体出现问题时，主要表现为内脏的疼痛。这种感觉一般不是由外部引起的，而是由内脏器官的病变所致。

（3）体位感觉。它提供身体的位置、平衡、关节角度等姿态的感觉，如站在地上或躺在床上的感觉。人体的体位感知器位于关节、肌肉和深层组织中。这些感知器的作用原理比较复杂，例如，对关节角度的感知涉及对皮肤、组织、关节、肌肉内的不同感知器的共同刺激，这些刺激信号组合在一起，才能判断出关节的信息，包括静止还是运动、是否超出了活动范围等。

虚拟现实技术对上述身体感觉的研究还处于起步阶段，目前还不可能通过交互设备完全模仿出上述身体感觉。

二、建模技术

用户与虚拟现实系统的交互都是在虚拟场景中进行的，用户沉浸在虚拟场景之中，所以虚拟场景的建模是虚拟现实技术的核心内容。虚拟现实系统的建模与传统的图形建模有相似之处，但虚拟场景是动态的并且能按照自身的规律产生复杂的行为或与用户交互。因此，除了三维模型建模之外，虚拟现实系统中的建模还包括物理建模和行为建模。三维建模仅仅是对虚拟现实环境中物体模型几何形状的表示，而物理建模则涉及物体的物理属性，行为建模还会涉及三维模型的物理本质及其内在工作机理。

（一）三维建模技术

目前，三维建模技术主要有基于几何的建模（Geometrical-Based Modeling）和基于图像的建模（Image-Based Modeling）两种。

1. 基于几何建模

基于几何的建模技术通过计算机来表示、控制和输出几何模型，主要处理的信息分为几何信息和拓扑信息两类。几何信息指几何模型在空间中的形状、大小、位置等，拓扑信息指拓扑元素（顶点、边、面）的数量及其连接关系。虚拟现实系统要求物体的几何建模必须快捷和易于显示，这样才能保证交互的实时性。

目前，在微观上，常用的几何模型方法包括面片表示法和体素表示法（图 2-6）。面片表示法用多边形面片表示模型的表面形状，一般采用三角面片。这种方法操作简单、技术成熟。体素表示法将几何模型细分为三维空间中的微小颗粒，这些颗粒可以是球体、四面体、立方体等。体素化建模需要保持拓扑的合理性和一致性，既不能出现拓扑自相矛盾，又要确保物体的离散拓扑和物体的连续模型具有相同的拓扑结构。体模型比面模型能够描述模型的内部信息，便于表达模型在外力作用下的特征（变形、分裂等），但计算时间和空间复杂度较高。

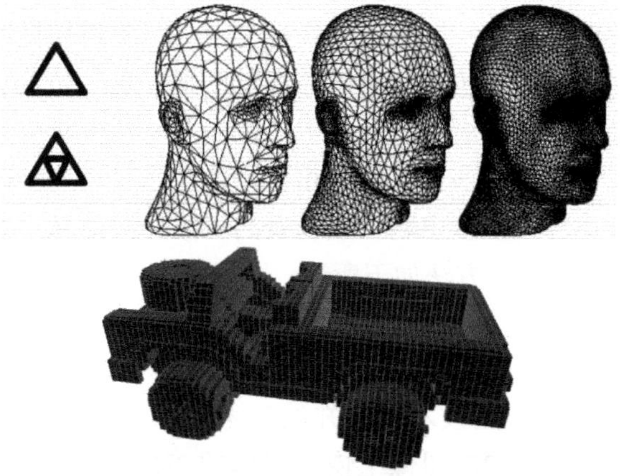

图 2-6　面片表示法和体素表示法几何建模

在宏观上，几何模型的表示方法包括层次表示法和属主表示法。

层次表示法利用树形结构来表示物体的各个组成部分。树形结构不仅提供了一种简便自然的分割复杂物体的方法，而且对模型的修改也十分有利。以人的手臂模型为例，层次表示法可以将其分割为上臂、下臂、手掌和手指等层次节点。当上臂节点移动时，将会带动手臂模型的所有子节点（下臂、手掌、手指）一起移动；而当手指节点移动时，只要描述该节点相对于其父节点（手掌）的方位即可。

属主表示法的思想是，让同一种对象拥有同一个属主，属主包含了该类对象的详细结构。当要建立某个属主的一个实例时，只要复制指向属主的指针即可。以汽车的车轮模型为例，一辆车的所有车轮应该具有相同结构。因此，可以建立一个车轮的属主模型，以后每当需要制作车轮时，只要创建一个指向该属主的指针即可。

手动建模可以通过 OpenGL，VRML 等专业建模语言或 AutoCAD，3DS Max，Maya 等建模软件来完成。手动建模的成本较高，时间较长，操作人员必须对相应软件非常熟悉。利用三维扫描仪等图形硬件也可实现自动三维建模，需要注意的是，这些软件和硬件都有自己特定的文件格式，在导入虚拟现实系统时需要做适当的文件格式转换。

2. 基于图像建模

基于图像的建模（Image-Based Modeling）目的是研究如何从图像中恢复出物体或场景的三维几何信息，并构建其几何模型。根据计算机视觉理论，图像是真实物体或场景在一定的光照环境作用下，通过相机镜头的光学投射变换得到的结果。图像中包含了大量的视觉线索信息，如轮廓、亮度、明暗度、纹理、特征点、清晰度等，而基于图像的几何建模研究如何通过运用上述视觉线索信息，并结合估计得到的相机镜头与光照环境参数，进行光学投射变换的逆变换运算，恢复出物体或场景的三维几何信息，并得到其三维几何模型表示的过程，主要方法如下所述。

1）基于立体视觉的方法

此方法利用三维视觉技术从已知的参考图像中合成相对于新的视点的图像。它从已经获得的 2D 图像中恢复形体的 3D 几何特征和光照、材料特性，由于采样图像中已经包含了当时的几何、光照、材料的综合效果，所以利用这些信息，可以合成不同视角图像的信息，在虚拟现实环境中从不同的角度来观察物体。使用这种方法不存在大量的内存冗余，但是需要建立很多的特征对应（比如特征点的对应），而且处理的数据量过大，实现起来有一定的困难。

2）基于全视函数的方法

基于全视函数的方法也称为基于全景函数的方法。它把空间任意点、任意时间和覆盖任意波长范围的可见光束命名为全景函数，它是基于图像的具有水平 360°及上下空间的图形组织环境，是一种全新的图像信息模式，它可以完整地表达周围环境的信息，相当于人们从一个固定点向四周转一圈所看到的景象，如图 2-7 所示。此方法建模简单，但是由于现有技术不成熟，对图像噪声比较敏感，所以为了保证图像立体匹配的正确性，不仅需要用户指定一些对应关系，还要求对输入图像密集采样，使相邻的两幅图像间的差别很小。

图 2-7　360°全景图

3）基于拼图和分层的方法

基于拼图和分层的方法就是对于采样的图像（这些图像通常具有很多的重叠区域），把这些图像统一投影到某一个曲面上，然后确定两相邻图像间的重叠范围，最后按照特定的算法将它们拼接在一起，而且拼接时候一般要求是无缝拼接，达到最终得到新视图的要求。该方法主要用于拼接柱面全景图，它利用图像的相关性原理寻找最大相关性来对齐重叠图案。该方案简单、有效，但有时因为重叠区域特征不明显，需人工干预对齐，导致对齐误差。

4）基于图形和图像的混合建模技术

基于图形与图像的混合建模技术可以集两种建模方法的优点于一体，目的是解决人与虚拟场景中物体自然交互的问题，是混合现实实现的基础。基于图形图像的混合建模主要涉及虚拟几何实体对象与虚拟环境的空间关系与透视匹配、亮度及阴影的光照匹配、融合与动态掩模等技术。受传感设备和传感器技术发展水平的制约，该方法在实现上有待于进一步完善，完善后的混合建模技术将是未来的图像建模技术的主导。

（二）物理建模技术

虚拟现实系统中的模型不是静止的，而是有一定的运动方式。当与用户发生交互时，也会有一定的响应方式。这些运动方式和响应方式必须遵循自然界中的物理规律，例如，物体之间的碰撞反弹、物体的自由落体、物体受到用户外力时朝预期方向移动等。上述这些内容就是物理建模技术需要解决的问题，即如何描述虚拟场景中的物理规律及几何模型的物理属性。物理建模技术需要重点解决如下问题。

（1）设计数学模型。数学模型是指描述虚拟对象行为和运动的一组参数方程，包括运动学方程和动力学方程。运动学方法是通过几何变换，如物体的平移或旋转等来描述运动。在运动控制中，无须知道物体的物理属性。在关键帧动画中，运动是通过显示指定几何变换来表现的。首先设置几个关键帧，用于区分关键的动作，其他动作根据各关键帧可通过内插等方法来完成。由于运动学方法产生的运动是基于几何变换的，复杂场景的建模将显得比较困难。

动力学仿真法运用物理定律而非几何变换来描述物体的运动。也就是说，物体的状态是通过物体的质量和惯性、力和力矩以及其他物理作用计算出来。这种方法更适于物体间交互作用较多的虚拟环境建模。

（2）创建物理效果。对虚拟对象创建物理效果的方法是从几何模型出发，将时间、长度、质量和力等过程抽象处理后，与图形学中的元素，如帧、绝对坐标、节点和面等结合起来，搭建出一个表现基本物理量的三维场景。具体来说，首先确定物理过程，即作用在虚拟对象上的物理现象，接着利用软件仿真算法描述上述物理过程，最后通过计算机程序语言实现上述仿真算法，由此表达出模型质量、密度等物理属性和力的概念。

（3）实时碰撞检测。碰撞检测技术要能随时检测虚拟场景中是否有碰撞发生，还要检测碰撞发生的位置，以及根据数学模型和物理属性计算出碰撞发生后的反应。虚拟现实系统要求碰撞检测具有较高的实时性和精确性，所以其技术难度很高。目前，较成熟的碰撞检测算法有层次包围盒法和空间分解法等。

层次包围盒法的基本思想是利用体积略大而几何特性简单的包围盒将复杂几何对象包裹起来。在进行碰撞检测时，首先进行包围盒之间的相交测试，只有包围盒相交时，才对其所包裹的对象做进一步求交计算。在构造碰撞体的包围盒时，若引入树状层次结构，可快速剔除不发生碰撞的元素，减少大量不必要的相交测试，从而提高碰撞检测效率。比较典型的包围盒类型有沿坐标轴的包围盒、包围球、力向包围盒、固定方向凸包等。层次包围盒方法应用得较为广泛，适用于复杂环境中的碰撞检测。图 2-8 显示了基于包围盒碰撞检测方法的效果。

空间分解法是将整个虚拟空间划分成相等体积的小单元格，只对占据同一单元格或相邻单元格的几何对象进行相交测试。比较典型的方法有 K-D 树、八叉树、BSP 树、四面体网、规则网等。空间分解法通常适用于稀疏的环境中分布比较均匀的几何对象间的碰撞检测。

图 2-8　基于包围盒的碰撞检测方法

（三）行为建模技术

虚拟环境中物体的行为一般可分为物理行为和智能行为。物理行为一般指研究物体运动的处理，通过运动学或动力学描述物体运动轨迹或姿态。智能行为一般指具有生命特征的物体所表现出来的反应、思考和决策等行为，这种物体也被称为虚拟角色。虚拟角色的行为往往会体现出不确定性。对智能虚拟角色的不确定性行为进行建模，可以增强虚拟现实系统的真实度和可信度。图 2-9 是几个著名 VR 游戏中的虚拟角色。

目前，行为建模技术受到高度重视，发展起了许多不同的建模技术，主要有基于有限状态机（FSM）的建模方法、基于规则系统（RBS ）的建模方法、基于控制论的建模方法和基于智能体（Agent）技术的建模方法。行为建模研究的核心问题是如何生成真实可信的智能行为，由于虚拟环境的复杂性，使得一般建模方法很难适应行为建模的需要。为了满足虚拟角色能自主或半自主行动，并能够与环境和其他智能体交换数据且能模拟人的交互行为进行协作和协商的目标，目前越来越多的系统采用基于智能体或多智能体的建模方法。

(a) 《重返恐龙岛》中的恐龙　(b) 《无处可逃》中的玩家

(c) 《瓦尔基里》中的外星飞船　(d) 《Rigs》中的怪物

图 2-9　虚拟环境中的智能虚拟角色

智能体具有自治性、反应性、面向目标性（主动性）和社会性四个主要特性。与传统的其他仿真建模方法比较，智能体技术采用“自底向上”的建模方法，系统没有集中式的控制，智能体通过相互间的协作和竞争，独立追求实现自己的目标，其结果是一个动态变化的环境，很适宜于对复杂自适应系统的建模与仿真，是虚拟环境中进行行为模拟的理想方法。

为了利用认知智能体和反应式智能体的优势，同时简化设计，采用复合智能体体系结构。结合智能体的实现特点，以虚拟战场环境中计算机生成兵力（Computer Generated Forces，CGF）实体为例，其智能行为框架如图 2-10 所示。

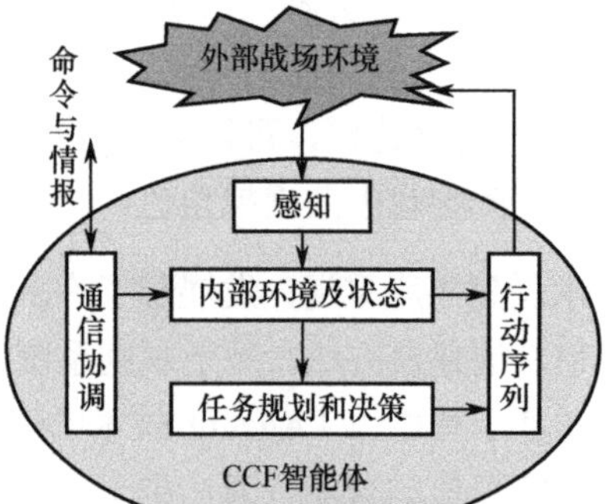

图 2-10　智能体框架结构

行为模型分为感知、通信协调和执行三个基本模块，感知代表对虚拟战场环境的观察和认知能力，通信模块代表与环境内外其他智能体的通信，行动模块通过一系列的行为模式实现各种动作，表现为一系列的动作序列。人的智能因素通过智能体内部环境状态和决策规划模块实现，内部环境状态既保存虚拟实体对外部环境认知的符号表示，又表示个性特点和能力。

三、呈现技术

（一）视觉呈现技术

1．真实感图形绘制技术

虚拟现实系统要求虚拟场景具有一定的真实感，这样用户才能有身临其境的感觉。所谓图形的真实感，是指计算机所生成的图形反映客观世界的程度。长期以来，图形真实感问题一直是计算机图形学研究的一个主要课题，主要方法如下所述。

（1）纹理映射（图 2-11）。纹理映射是真实感图像制作的一个重要部分，纹理映射是将纹理图像贴在简单物体的几何表面上，以近似描述物体表面的纹理细节。运用它可以方便地制作出极具真实感的图形而不必花过多时间来考虑物体的表面细节，它是一种改善真实性的简单措施。

图 2-11　纹理映射

（2）环境映射。在计算机图形学中，环境映射是模仿现实生活中镜面反射现象的技术。环境映射是指将物体所处位置的全景图贴在其表面上，从而表达该物体表面的镜面反射效果和规则投射效果。这种技术能够极大提高图形图像的真实感。

（3）反走样。走样是指由于光栅显示器的离散特性，引起几何模型边缘的锯齿性失真现象，反走样技术的目标就是消除这种现象。一个简单的方法就是，以两倍分辨率绘制图形，然后通过平均求值的方式计算正常分辨率的图形；另一个方法是对相邻像素值进行加权求和，得到最终像素值。

除了上述简单方法，其他复杂的真实感绘制技术还包括物体表面的各种光照建模方法，例如，简单光照模型、局部光照模型、全局光照模型等。从绘制算法上看，还包括模拟光线实际传播过程的光线跟踪算法，模拟能量传播的辐射度算法等。

2．实时动态绘制技术

实时动态绘制技术是指利用计算机为用户提供一个能从任意视点及方向实时观察三维场景的手段。它要求当用户视点改变时，图形显示速度必须跟得上视点的改变速度。所以，实时动态绘制技术所期望的是图像帧速高而等待时间短。一般来说，实时动态绘制技术可分为基于图形和基于图像的两种绘制技术。

1）基于图形的实时动态绘制技术

为了保证图形显示的刷新率不低于 20~30 帧/秒，除了在硬件方面采用高性能的计算机外，还必须选择合适的算法来降低场景的复杂度（即降低图形系统处理的多边形数目）。

目前，用于降低场景的复杂度以提高三维场景的动态显示速度的常用方法有场景分块、可见消隐、细节层次模型等。

场景分块是指把一个复杂的场景划分为多个相互之间几乎或完全不可见的子场景，在某一时刻只需对一个子场景进行绘制。例如，把一个建筑物按房间划分成多个子部分，当观察者处在某个房间时仅能看到该房间内的场景，所以只需绘制当前房间的模型即可。场景分块的方法能有效地减少在某一时刻所需要显示的多边形数目，从而有效降低了场景的复杂度。

可见消隐是根据给定的视点和视线方向，判断场景中哪些物体的表面是可见的，哪些是被遮挡而不可见的。使用此方法能使系统仅显示用户当前能“看见”的场景。当用户仅能看到整个场景中很小部分时，由于系统仅显示相应场景，此时可大大减少所需显示的多边形数目。

细节层次模型（Level Of Detail，LOD）是指对同一个场景或场景中的物体使用具有不同细节的描述方法得到的一组模型。在实时绘制时，可对场景中不同的物体或物体的不同部分采用不同的细节层次模型。如果一个物体离视点比较远，或者这个物体比较小，就要采用较粗的 LOD 模型绘制；反之，如果这个物体离视点比较近时，或者物体比较大时，就必须采用较精细的 LOD 模型来绘制。同样，如果场景中有运动的物体，也可以采用类似的方法，对处于运动速度快或处在运动中的物体，采用较粗的 LOD 模型；而对于静止的物体采用较精细的 LOD 模型。图 2-12 所示为 LOD 模型示意图。

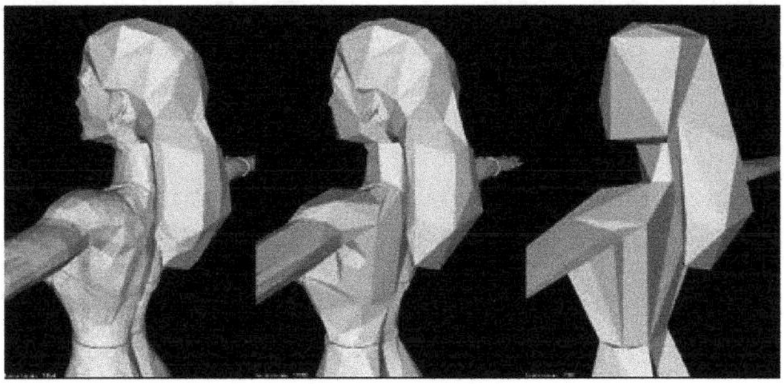

图 2-12　LOD 模型

2）基于图像的实时动态绘制技术

基于图像的绘制技术（Image Based Rendering，IBR）是指针对某一场景，首先准备好一系列预先生成的场景画面；在进行场景漫游时，系统对接近于视点或视线方向的场景画面进行变换、插值与变形，从而快速得到当前视点处的场景画面。可见，这种技术完全摒弃了先建模、后确定光照效果的绘制方法，而是直接由一系列已知图像生成未知视角的图像。传统图形绘制技术均是面向景物几何而设计的，它具有一定的优点，例如，观察点和观察方向可以随意改变，不受限制。它同时也存在一些问题，如三维建模费时费力、工程量大；绘制过程涉及复杂的建模、消隐和光亮度计算，对计算机硬件有较高的要求；漫游时，在每个观察点及视角实时生成的数据量较大。因此，为实现在具有普通计算能力的计算机上实现真实感图形的实时绘制，近年来很多学者开始研究基于图像的实时动态绘制技术。该技术基于一些预先生成的图像（或环境映照）来生成不同视点的场景画面，与传统绘制技术相比，它有着鲜明的特点：

- 图形绘制独立于场景复杂性，仅与所要生成画面的分辨率有关。
- 预先存储的图像（或环境映照）既可以是计算机合成的，也可以是实际拍摄的画面，而且两者可以混合使用。
- 该绘制技术对计算资源的要求不高，因而可以在普通工作站和个人计算机上实现复杂场景的实时显示。

IBR 技术是新兴的研究领域，它将改变人们对计算机图形学的传统认识。与基于图形的传统绘制技术相比，基于图像的实时绘制技术的优势在于对计算机的资源要求不高，可以在普通工作站和个人计算机上实现复杂场景的实时显示；绘制速度与场景复杂性无关，仅与所要生成画面的分辨率有关；图像中包含丰富的色彩信息，能够提高场景的真实感。目前，基于图像的绘制技术主要包括全景技术、图像插值及视图变换技术。

全景技术是指为一个场景中的某个观察点构造一幅全景图，用户在该观察点处浏览时，可以任意旋转视角，观察全景图的各个部分。全景图的准备可以采用图像拼接方法，例如，在观察点处用相机每旋转一定的角度拍摄一张照片，从而得到一组照片，再用各种工具软件将其拼接成一幅全景图。在场景浏览时，如果事先准备了多张全景图，那么还可以通过添加热点的方式进行视点切换。全景技术所形成的数据较小，对计算机配置要求低，适用于桌面式虚拟现实系统。

图像的插值及视图变换技术是指针对事先准备好的同一场景中的多张图像，计算出图像之间的关联关系，例如，像素点之间的对应关系、像素点的深度信息、图像的投影参数等，然后，根据这些信息并采用像素插值或三维变换方法，就可以构造出未知视点的图像。

3. 三维立体显示技术

立体视觉对虚拟现实系统至关重要。两只眼睛的视差是实现立体视觉的基础。为了实现立体显示效果，首先需要对同一场景分别产生相应于左右眼的不同图像，让它们之间具有一定的视差；然后，借助相关技术，使左右双眼只能看到与之相应的图像。这样，用户才能感受到立体效果。

从时间特点上来讲，目前的立体显示技术可以分为同时显示（Frame Parallel）技术和分时显示（Frame Sequential）技术两类。同时显示是指在屏

电子工业

幕上同时显示出对应于左右双眼的两幅图像；分时显示是指以一定的频率交替显示两幅图像。

从设备特点上来讲，立体显示技术可以分为眼镜式和裸眼式立体显示两类。其中，眼镜式又可细分为主动立体眼镜和被动立体眼镜两类。主动立体眼镜是指有源眼镜，它通过“快门”来控制镜片的透光性，被动立体眼镜是指无源眼镜，它通过滤波技术来控制镜片的透光性，具体说明如下：

1）眼镜式立体显示

（1）彩色眼镜。这种眼镜属于被动立体眼镜，主要用于同时显示技术中。它的基本原理是，将左右眼图像用红绿两种补色在同一屏幕上同时显示出来，用户佩戴相应的补色眼镜（一个镜片为红色，另一个镜片为绿色）进行观察。这样每个滤色镜片吸收来自相反图像的光线，从而使双眼只看到同色的图像。这种方法会造成用户的色觉不平衡，产生视觉疲劳。

（2）偏振光眼镜。这种眼镜同样属于被动立体眼镜，主要用于同时显示技术中。它的基本原理是，将左右眼图像用偏振方向垂直的光线在同一屏幕上同时显示出来，用户佩戴相应的偏振光眼镜（两个镜片的偏振方向垂直）进行观察。这样每个镜片阻挡相反图像的光波，从而使双眼只能看到相应的图像。

（3）液晶光阀眼镜。这种眼镜属于主动立体眼镜，主要用于分时显示技术中。它的基本原理是，显示屏分时显示左右眼的视差图，并通过同步信号发射器及同步信号接收器控制观看者所佩戴的液晶光阀眼镜。当显示屏显示左（右）眼视差图像时，左（右）眼镜片透光而右（左）眼镜片不透光，这样双眼就只能看到相应的图像。这种方法的主要特点是要求显示器的帧频为普通显示器的两倍，一般需要达到120Hz。

（4）立体头盔。它也是眼镜的一种，这种方法是在观看者双眼前各放置一个显示屏，观看者的左右眼只能看到相应显示屏上的视差图像。头盔显示器可以进一步分为同时显示和分时显示两种，前者的价格更加昂贵。这种立体显示存在单用户性、显示屏分辨率低、头盔沉重以及易给眼睛带来不适感等固有缺点。

2）裸眼式立体显示

这种方法不需要用户佩戴任何装置，直接观看显示设备就可感受到立体效果，是立体显示的未来发展方向。这种方法又可细分为三类：光栅式自由立体显示、体显示、全息投影显示。

（1）光栅式自由立体显示。这种显示设备主要是由平板显示屏和光栅组合而成，左右眼视差图像按一定规律排列并显示在平板显示屏上，然后利用光栅的分光作用将左右眼视差图像的光线向不同方向传播。当观看者位于合适的观看区域时，其左右眼分别观看到相应的视差图像，从而获得立体视觉效果。常见的光栅类型包括狭缝光栅和柱透镜光栅两类。

狭缝光栅包括前置式狭缝光栅和后置式狭缝光栅两种，其原理分别如图2-13（a)、（b）所示。图 2-13（a）中的狭缝光栅置于平板显示屏与观看者之间，观看者左右眼透过狭缝光栅的透光部分只能看到对应的左右眼视差图像，由此产生立体视觉。图 2-13（b）的中狭缝光栅置于平板显示屏与背光源之间，用来将背光源调制成狭缝光源。当观看者位于合适的观看区域时，从左（右）眼处只能看到显示屏上的左（右）眼狭缝被光源照亮处。所以，观看者左右眼只能看到对应的视差图像，由此产生立体视觉。

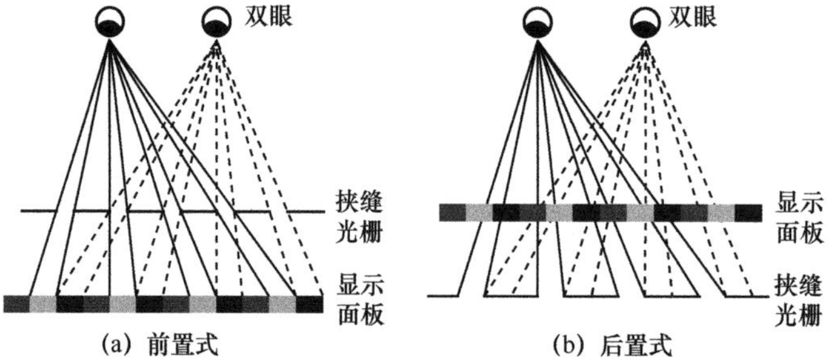

图 2-13　狭缝光栅立体显示原理

柱透镜光栅自立体显示原理如图 2-14 所示，它利用柱透镜阵列的折射作用，将左右眼视差图像分别提供给观看者的左右眼，从而产生立体视觉效果。

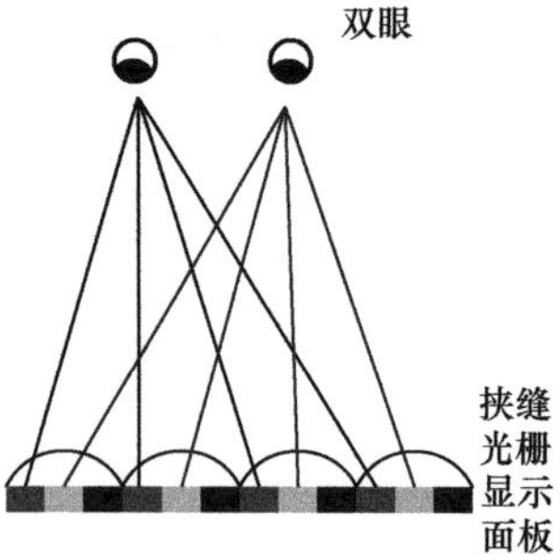

图 2-14　柱透镜光栅立体显示原理

可见，光栅式自由立体显示技术的本质是使用光栅等滤光器替代立体眼镜。但是，由于两种光栅都是在平板显示器上同时显示两幅视差图像，所以会导致立体图像的分辨率降低。

（2）体显示。它的基本原理是通过特殊显示设备将三维物体的各个侧面图像同时显示出来。图 2-15 说明了一种基于扫描的体显示方法，它以半圆形显示屏作为投影面，通过一个电动机带动其高速旋转，形成一个半球形的成像区域。在旋转过程中，投影机会把同一物体的多幅不同侧面的二维图像闪投在显示屏上。这样，由于人眼的视觉暂留原理，就会看到一个似乎飘浮在空中的三维物体。

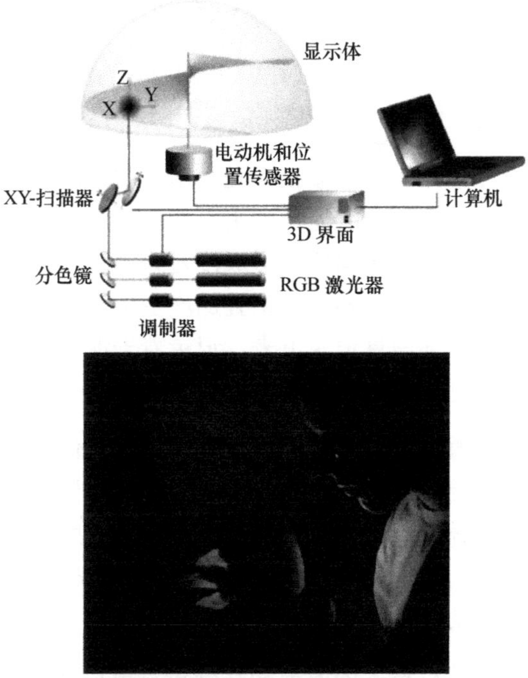

图 2-15　基于扫描的体显示

图 2-16 说明了一种基于点阵的体显示方法。图中所示立方体是添加了发光物质的透明荧光体，它是由一系列点阵组成的。如果水平和垂直方向的两束不可见波长的光线同时聚焦到同一个荧光点上，那么该点就会发出可见光。显示立体图像时，首先需要把三维物体分解为一系列点阵，然后由两束光波依次扫描立方体中的各个荧光点，使得与三维物体相对应的荧光点发光，而其他荧光点不发光。这样，观看者就可以看到立体模型了。

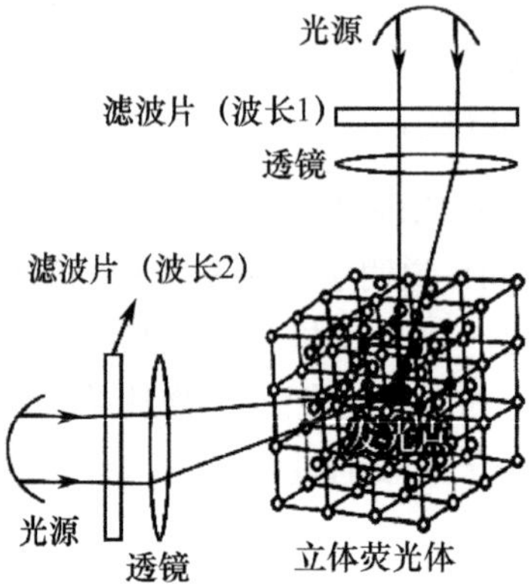

图 2-16 基于点阵的体显示

体显示方法可供多个观看者同时从不同角度观看同一立体场景，且兼顾了人眼的调节和会聚特性，不会引起视觉疲劳。

（3）全息投影显示。全息投影技术是利用光的干涉和衍射原理记录并再现真实物体三维图像的技术。首先，利用干涉原理记录物体的光波信息，这是拍摄过程，被摄物体在激光辐照下形成漫射式的物光束；另一部分激光作为参考光束射到全息底片上，和物光束叠加产生干涉；干涉条纹间的反差和间隔就将物体光波的全部信息记录下来。记录着干涉条纹的底片经过显影、定影等处理程序后，便成为一张全息图（或称全息照片）。

然后，利用衍射原理再现物体光波信息，这是成像过程。当胶片冲洗完成后，它就记录了原始物体上每一点的衍射光栅。如果将参考光束重新照射胶片时，那么原始物体上每一点的衍射光栅都可以衍射部分参考光线，重建出原始点的散射光线。当原始物体上所有点的衍射光栅所形成的衍射光线叠加在一起以后，就可以重建出整个物体的立体影像了。

近年来，随着计算机技术的发展和高分辨率电荷耦合成像器件（Charge Couple Device，CCD）的出现，数字全息技术得到迅速发展。与传统全息不同的是，数字全息用 CCD 代替普通全息材料记录全息图，用计算机模拟取代光学衍射来实现物体再现，实现了全息图记录、存储、处理和再现全过程的数字化。

全息投影技术再现的三维图像立体感强，具有真实的视觉效应。观看者可以在其前后左右观看，是真正意义上的立体显示。图 2-17 为 HOLOCUBE 公司开发的一款桌面全息显示器。

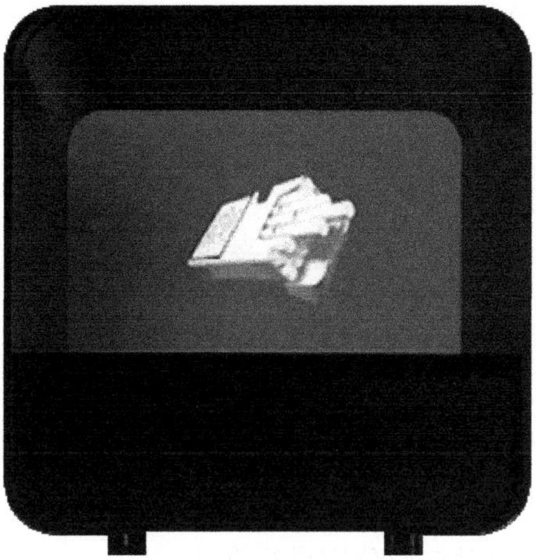

图 2-17　桌面全息显示器

（二）听觉呈现技术

为使用户产生身临其境的感受，除视觉沉浸外，虚拟现实系统还应考虑听觉沉浸。三维虚拟声音的体验类似于一个球形空间，所以听者可以感受到整个球形空间任何地方的声音。在这个立体声场中，能根据三维虚拟声音的类型、强度和方位迅速做出相应判断，如图 2-18 所示。所以，我们把在虚拟场景中能使用户准确地判断出声源的精确位置、符合人们在真实境界中听觉方式的声音处理技术称为三维虚拟声音技术。

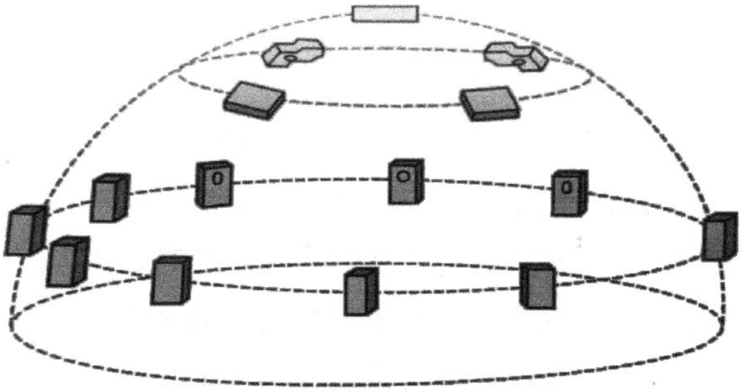

图 2-18　三维虚拟声音示意图

1．三维虚拟声音的作用

在虚拟现实系统中加入与视觉并行的三维虚拟声音，一方面可以在很大程度上增强用户在虚拟世界中的沉浸感和交互性，另一方面也可以减弱大脑对于视觉的依赖性，降低沉浸感对视觉信息的要求，使用户体验视觉感受、听觉感受带来的双重信息享受。总体来说，声音的作用有如下几点：

- 声音可以作为用户和虚拟环境的一种交互方法，我们可以通过语音交流与虚拟世界取得联系。
- 增强用户体验，数据驱动的声音能传递对象的基本属性信息。
- 增强空间信息，特别是当空间超出了视觉范围，这时就完全要靠声音来识别。

2．三维虚拟声音的特征

三维虚拟声音主要的特征有全向三维定位特征、三维实时跟踪特性以及沉浸感与交互性。下面对它们分别进行介绍。

（1）全向三维定位特性是指在三维虚拟空间中把实际声音信号定位到特定虚拟专用源的能力。它能使用户准确判断出声源的位置，非常符合我们在现实生活中的听觉感受。举个例子来说，在现实生活中，一般都是先听到声响，然后再用眼睛去看这个地方，三维声音系统允许用户根据眼睛注视的方向以及根据所有可能的位置来监视和识别各种信息源，由此可以看出，三维声音系统可以利用粗调的机制引导较为细调的视觉能力的注意。在有视觉干扰的虚拟环境中，这一点尤其重要，这个时候，我们一般会通过听觉感受来引导肉眼对于目标位置的搜索，这种方法肯定要优于没有任何辅助而直接用肉眼搜索目标。即使是对处于视野中心的物体也是如此，这就是声学信号的全向特性。

（2）三维实时跟踪特性是指在三维虚拟空间中实时跟踪虚拟声源位置变化或景象变化的能力。比如说，当用户的头部转动时，虽然虚拟声源在虚拟场景中的绝对位置没有发生改变，但是它相对于用户头部的位置发生了变化，所以用户的听觉感受也应该发生变化，从而使用户感受到声源位置的固定性。而当虚拟发声物体移动位置时，用户的听觉感受也应随之改变。只有声音效果与实时变化的视觉相一致，才能产生视觉与听觉的叠加与同步效应。如果三维虚拟声音系统不具备这样的实时变化能力，看到的景象与听到的声音就会相互矛盾，听觉就会削弱视觉的沉浸感。

（3）三维虚拟声音的沉浸感就是指在三维场景中加入三维虚拟声音后，能够使用户在听觉与视觉交互的同时有身临其境的感觉，使人沉浸在虚拟世界中，有助于增强临场效果。三维声音的交互特性是指随用户的运动而产生的临场反应和实时响应的能力。

3．三维虚拟声音的建模方法

为了建立具有真实感的三维虚拟声音，一般从最简单的单耳声源开始，然后通过专门的三维虚拟声音系统的处理，生成分离的左右信号，分别传入听者的左右耳朵，以此来使听者准确定位声音的位置。构建一个完善的三维虚拟声音系统是一个极其复杂的过程。在设计时，必须仔细考虑听者精确定位声源所需的声学信息，认真分析确定声源方向的理论，这样才能为三维虚拟声音系统建立正确的人类听觉模型。目前，常用的听觉模型包括头部相关传递函数、房间声学模型、增强现实中的声音显示。

（1）头部相关传递函数。有很多致力于研究从声源发出的声波是如何传到人耳中的，声波从声源处到鼓膜处的变化其实可以看作是人的双耳对声波的滤波作用，它主要表现为人的头、躯干和外耳构成的复杂外形对声波产生的散射、折射和吸收作用，人们将声波从自由场传到鼓膜处的变换函数称之为与头部相关的传递函数 HRTF（Head-Related Transfer Function）。由于每个人的头、耳的大小和形状各不相同，所以 HRTF 也因人而异。但是这些函数通常是从一群人获得的，因而它是一组平均特征值。获取 HRTF 的一般方法是：通过测量外界声音及人耳鼓膜上的声音频谱差异，即可获得声音在人耳附近发生的频谱波形；随后利用这些数据对声波与人耳的交互方式进行编码，即可得出 HRTF，并确定双耳的信号传播延迟特点。

HRTF 受到很多因素的影响，除了耳廓是最主要的因素，还有头部、耳道、肩膀、躯体等。这些影响因素可以分为两类，一种是与方向有关的因素，包括躯体影响、肩膀反射等；还有一种是与方向无关的因素，包括耳腔共振以及耳道与鼓膜的阻抗，示例图如 2-19 所示。

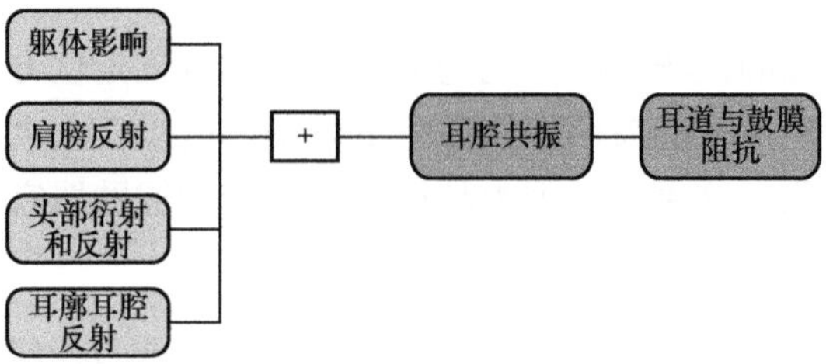

图 2-19　头部相关传递函数原理

在虚拟现实系统中，当无回声声音信号由 HRTF 处理后，再通过与声源缠绕在一起的滤波器驱动一组耳机，就可以在传统耳机上形成有真实感的三维声音了。

（2）房间声学模型。房间声学模型的目标是计算第二声源的空间图，也就是为初始声源计算一组离散的第二声源（回声）。因为在声音的传输过程中，如果能够模拟声音与虚拟场景的反射效果，那么即使只有少量的一阶和二阶反射，也可以增加声音效果的真实性。对于第二声源可以由三个主要特性描述：距离上有延迟，相对第一声源的频谱有改变（空气吸收、表面发射等），与听者的入射方向有变化。

通常找到第二声源有两种方法：镜面图像法和射线跟踪法。镜面图像法能够保证找到所有几何正确的声音路径，不过由于该算法是递归的，所以不容易改变尺度。射线跟踪法使用一系列射线的反射和折射寻找第二声源，主要优点是即使处理时间短，也能产生不错的、合理的听觉效果，而且通过调节可用射线的数目，很容易以给定的帧频工作。

（3）增强现实中的声音显示。在许多应用中需要将计算机合成的声音信号与采样的真实声音信号叠加在一起，这种系统称为声音增强现实系统。真实的声音信号可以由定位麦克风采样得到，可以是当地环境的，也可以是借助遥控操作系统来自远地环境的。这个声音增强系统应该是能够接收任何环境中麦克风接收的信号，用来适应给定情况变化的这些信号，然后把它们叠加到虚拟现实系统提供的声音信号上。当前，声音增强现实系统最典型的应用是使沉浸在某种虚拟现实任务中的用户同时处理真实世界中的重要事件（如真实世界中的警告信号）。

4．三维虚拟声音技术有待解决的问题

就目前虚拟声音技术的发展情况来看，有些地方确实还存在着很多问题，列举如下：

（1）听觉定位的混淆问题。无论应用哪一种听觉定位方法，通过耳机定位，常常导致定位声音的前后颠倒和上下颠倒，所以会大大降低立体定位的性能和声源形象化，这主要是因为耳机掩蔽了听觉辅助器官的作用而形成的一个听觉定位锥。

（2）虚拟声音环境的可视化问题。虚拟声音通常与视频技术结合创造一个虚拟视听环境并达成视听同步。如果把视觉背景作为听觉补偿，可以提高声音环境的逼真度和降低听觉定位混淆。但是，如果听觉通道信息与视觉通道信息互相冲突，反而会降低虚拟视听环境的逼真度，所以，视听同步、头部运动补偿等问题都会影响虚拟声音。视听同步不仅包括声音事件与运动事件在时间上的同步，而且与声音控制系统参数保持同步映射关系。

（3）听觉心理学和听觉生理学的限制。相对而言，对外围听觉系统的研究比较充分，而对于听觉通路及中枢听觉的研究则很不充分。由于听觉系统的复杂性，目前对于它的机理还有很多不清楚。从生理学来看，听觉系统对于声音的频率、强度以及各种不同声音之间的关系表现出外围听觉系统处理的非线性，从而要用响度、音调以及临界带宽等加以描述。至于更高层次，要涉及听者的认知系统以及各种知识源的相互作用。因此，对于听觉系统还需进行广泛而深入的研究。

四、交互技术

（一）语音交互

与虚拟世界进行语音交互是虚拟现实系统的一个高级目标，虚拟现实系统中的语音技术包括语音识别和语音合成。

（1）语音识别也叫自动语音识别（Automatic Speech Recognition，ASR），是指将人说话的语音信号转换为可被计算机程序所识别的文字信息，进而分析出说话人的语音指令和语意内容。语音识别一般包括参数提取、参考模式建立、模式识别等过程。以事先建立的样本库为基础，当用户通过话筒将一个声音信号输入系统中，系统把它转换成数据文件后，语音识别软件便开始将输入的声音样本与事先储存好的声音样本进行对比；声音对比工作完成之后，系统就会找到一个它认为最“像”的声音样本序号，由此可以知道输入者刚才念的声音是什么意义，进而执行此命令。语音识别技术可以解放用户的双手，同时让用户利用语音这一自然交流方式和系统进行交互。语音识别技术的应用领域十分广泛，例如，语音文档录入、语音导航等，尤其在电信业、汽车业、移动应用领域中的使用有着快速的增长。例如，苹果公司发布的 Siri 是安装在 iPhone 上的语音助手，支持基于自然语音输入的地图搜索、备忘录提醒、日程安排等功能。

（2）语音合成（Text To Speech，TTS）是指将文本信息转变为语音数据，并以语音方式播放。在语音合成技术中，首先需要对文本进行分析，并对它进行韵律建模；然后从原始语音库中取出相应的语音基元，对语音基元进行韵律调整和修改，最终合成出符合要求的语音。

在虚拟现实系统中，如果将语音合成和语音识别技术结合起来，可以使用户与计算机所创建的虚拟环境进行简单的语音交流，这也是真正的人机自然交互。因此，这种技术在虚拟环境中具有突出的应用价值。

（二）手势交互

手势是一种较为简单、方便的交互方式。如果将虚拟世界中常用的指令定义为一系列手势集合，那么虚拟现实系统只需跟踪用户手的位置以及手指的夹角就有可能判断出用户的输入指令。利用这些手势，参与者就可以完成诸如导航、拾取物体、释放物体等操作了。

目前，手势识别系统根据输入设备的不同，主要分为基于数据手套的识别和基于视觉（图像）的手势识别系统两种。

（1）基于数据手套的手势识别系统就是利用数据手套和空间位置跟踪定位设备来捕捉手势的空间运动轨迹和时序信息。它能够对较为复杂的手部动作进行检测，包括手的位置、方向和手指弯曲度等，并可根据这些信息对手势进行分类，因而较为实用。这种方法的优点是系统识别率高，缺点是用户需要穿戴复杂的数据手套和空间位置跟踪定位设备，相对限制了人手的自由运动，并且数据手套、空间位置跟踪定位等输入设备的价格比较昂贵。

（2）基于视觉的手势识别是通过摄像机连续拍摄手部的运动图像，然后采用图像处理技术提取出图像中的手部轮廓，进而分析出手势形态。大致流程包括手势分割、手势建模和特征匹配，如图 2-20 所示。根据不同的识别对象，识别方法有静态手势识别和动态手势识别两种。

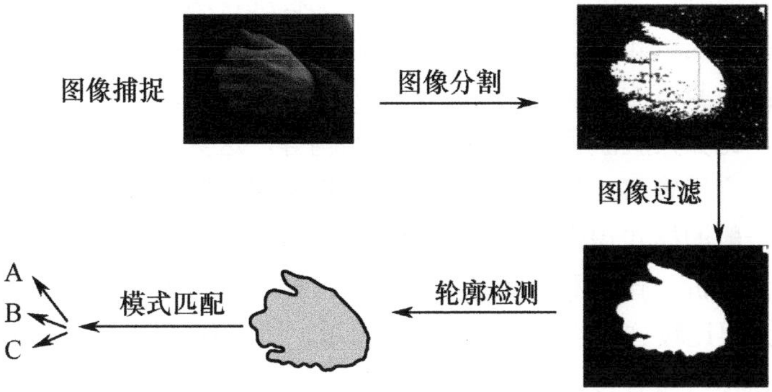

图 2-20　手势识别处理流程图

静态手势识别是针对单帧的手势图片做识别。在手势分割的过程中主要使用肤色模型（色彩聚类特征）、轮廓边缘（Canny 检测）等；在做手势建模时主要使用一些图像属性（轮廓，图像矩，特征，直方图）；特征匹配时使用模板匹配法、神经网络法等。

动态手势识别针对视频序列，手势分割涉及运动区域检测，场景建模等。在做手势分割时经常用到的运动跟踪方法有差值图像分割，卡尔曼跟踪预测，背景剪除法等。在做手势建模时主要使用一些运动序列（计算运动光流，抽取运动轨迹）来估算。特征匹配时使用类似隐马尔科夫模型法、动态时间规划法等。

手势交互的最大优势在于用户可以自始至终采用同一种输入设备（通常是数据手套）与虚拟世界进行交互。这样，用户就可以将注意力集中于虚拟世界，从而降低对输入设备的额外关注。

（三）表情交互与人脸识别

面部表情识别在人与人交流过程中传递信息时发挥重要作用。如果计算机或虚拟场景中的人物角色能够像人类那样具有理解和表达情感的能力，并能够自主适应环境，那么就能从根本上改变人与计算机之间的关系。然而要让计算机能看懂人的表情却不是一件很容易的事情，迄今为止，计算机的表情识别能力还与人们的期望相差较远。目前，计算机面部表情识别技术通常包括三个步骤：人脸图像的检测与定位、表情特征提取、表情分类。

人脸图像的检测与定位就是在输入图像中找到人脸的确切位置，它是人脸表情识别的第一步。人脸检测的基本思想是建立人脸模型，比较输入图像中所有可能的待检测区域与人脸模型的匹配程度，从而得到可能存在人脸的区域。根据对人脸知识利用方式的不同，可以将人脸检测方法分为两大类：基于特征的人脸检测方法和基于图像的人脸检测方法。第一类方法直接利用人脸信息，比如人脸肤色、人脸的几何结构等，这类方法大多用模式识别的经典理论，应用较多。第二类方法并不直接利用人脸信息，而是将人脸检测问题看作一般的模式识别问题，待检测图像被直接作为系统输入，中间不需特征提取和分析，直接利用训练算法将学习样本分为人脸类和非人脸类，检测人脸时只要比较这两类与可能的人脸区域，即可判断检测区域是否为人脸。

表情特征提取是指从人脸图像或图像序列中提取能够表征表情本质的信息，例如，五官的相对位置、嘴角形态、眼角形态等。表情特征选择的依据如下所述。尽可能多地携带人脸面部表情特征，即信息量丰富；尽可能容易提取；信息相对稳定，受光照变化等外界的影响小。

表情分类是指分析表情特征，将其分类到某个相应的类别。在这一步开始之前，系统需要为每个要识别的目标表情建立一个模板。在识别过程中，将待测表情与各种表情模板进行匹配；匹配度越高，则待测表情与该种表情越相似。图 2-21 显示了一种简单的人脸表情分类模板，该模板的组织为二叉树结构。在表情识别过程中系统从根节点开始，逐级将待测表情和二叉树中的节点进行匹配，直到叶子节点，从而判断出目标表情。

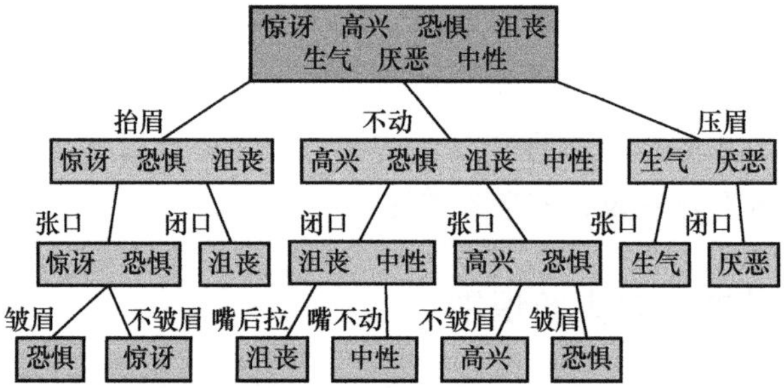

图 2-21 人脸表情分类模板

在表情分类步骤中，除了模板匹配方法，人们还提出了基于神经网络的方法、基于概率模型的方法等新技术。

（四）眼动跟踪技术

在虚拟现实系统中，将视线的移动作为人机交互方式不但可以弥补头部跟踪技术的不足，同时还可以简化传统交互过程中的步骤，使交互更为直接。

例如，视线交互可以代替鼠标的点击操作，如果用户盯着感兴趣的目标，计算机便能“自动”将光标置于其上。早期的视线跟踪技术首先应用于心理学研究等领域，目前，多用于军事（如飞行员观察记录等）、阅读以及帮助残疾人进行交互等领域。

支持视线移动交互的相关技术称为视线跟踪技术，也称眼动跟踪技术，主要有强迫式与非强迫式、穿戴式与非穿戴式、接触式与非接触式之分。它的主要实现手段包括以硬件为基础和以软件为基础两类。以硬件为基础的跟踪技术需要用户戴上特制头盔、特殊隐形眼镜，或者使用头部固定架、置于用户头顶的摄像机等。这种方式识别精度高，但对用户的干扰很大。为了克服眼动跟踪装置对人的干扰，近年来人们提出了以软件为主，实现对用户无干扰的眼动跟踪方法，其基本工作原理是先利用摄像机获取人眼或脸部图像，然后用图像处理算法实现图像中人脸和人眼的检测、定位与跟踪，从而估算用户的注视位置。

在眼动跟踪技术的发展过程中，人们提出了很多跟踪眼睛运动的方法。从一开始的直接观察法、机械记录法，到后来的电磁感应法、电流记录法及接触镜法、角膜反射跟踪法、虹膜-巩膜边缘跟踪技术、瞳孔-角膜跟踪法等。但是，目前所有的眼动跟踪技术都存在一定的缺陷，将其应用于人机交互中还有一定的局限性，具体表现为精度与自由度的问题、“米达斯接触”问题以及算法问题。

（1）首先是精度与自由度的问题。以硬件为基础的视线跟踪技术与以软件为基础的视线跟踪技术相比，其精度较高，但由于使用的设备限制了人的自由度，所以对人有较大干扰，使用起来不太方便；以软件为基础的视线跟踪技术，虽然降低了对用户的限制，但其精度相对而言低得多，要想得到准确的注视焦点比较困难。精度与自由度目前是一对尖锐矛盾。

（2）其次是“米达斯接触”问题。用户视线的移动往往是随意的，并不总有一定的意义，移动视线不代表就要发出一条计算机命令。因此，如果屏幕上的计算机鼠标指针总是随着用户的视线移动，很可能会引起用户的厌烦。如果能够在用户希望发出控制时，界面及时地处理用户的视线输入，相反时则忽略视线的移动，则可以很好地解决这个问题。遗憾的是，一般无法区分这两种情况，较好的解决手段是需要键盘等其他设备的配合。

（3）再次是算法问题。眼动中的抖动、眨眼易造成数据中断，这种干扰信号使得获取注视焦点的屏幕投影以及眼动数据都存在一定困难。

（五）其他感觉器官的反馈技术

目前，虚拟现实系统的反馈形式主要集中在视觉和听觉方面，对其他感觉器官的反馈技术还不够成熟。

在触觉方面，由于人的触觉相当敏感，一般精度的装置根本无法满足要求，所以对触觉与力觉的反馈研究还相当困难。例如接触感，现在的系统已能够给身体提供很好的提示，但却不够真实；对于温度感，虽然可以利用一些微型电热泵在局部区域产生冷热感，但这类系统还很昂贵；对于力量感觉，很多力反馈设备被做成骨架形式，从而既能检测方位，又能产生移动阻力和有效的抵抗阻力，但是这些产品大多还是粗糙的、实验性的，距离实用尚有一定距离。

在味觉、嗅觉和体感等器官感觉方面，人们至今仍然对它们的理论知之甚少，有关产品相对较少，对这些方面的研究都还处于探索阶段。

总之，虚拟现实技术的发展是要使人机交互系统从精确、二维的交互向非精确、三维的交互转变。因此，尽管手势语言、眼动跟踪、面部表情识别以及其他感官的自然交互技术在现阶段还很不完善，但对它们的研究具有非常重要的意义。

第三堂课　虚拟现实硬件设备

一、输入设备

二、输出设备

三、配套设备

虚拟现实系统需要使用一些特殊的硬件设备，才能让用户通过视觉、听觉、触觉、嗅觉等多种感官感受到逼真的虚拟世界，并通过自然动作和虚拟世界进行交互。根据功能的不同，可以将虚拟现实系统的硬件设备分为输入、输出和配套设备三大类。

一、输入设备

常见的输入设备有三维跟踪定位设备、数据手套、数据衣、三维鼠标、三维扫描仪等。

（一）数据手套

数据手套是一种穿戴在用户手上，可以实时获取用户手掌、手指姿态的数字设备，它可以将手掌和手指伸屈时的各种姿势转换成数字信号传送给计算机，通过软件编程，可进行虚拟场景中物体的抓取、移动、旋转等动作，也可以利用它的多模式性，作为一种控制场景漫游的工具。

数据手套的出现为虚拟现实系统提供了一种全新的交互手段，目前的产品已经能够检测手指的弯曲，并利用磁定位传感器来精确地定位出手在三维空间中的位置。这种结合手指弯曲度测试和空间定位测试的数据手套被称为“真实手套”。在虚拟现实系统中，应用程序会将用户的手部姿态信息与虚拟场景中的一个手部模型进行绑定。这样，这个虚拟的手部模型就能够受到用户的实时控制，并与用户真实手的运动状态保持一致，用户的感觉就好像这个虚拟的手部模型就是自己真实的手，可以在虚拟世界中完成物体的抓取、移动、装配、操纵等控制，如图 3-1 所示。数据手套的出现使得用户可以通过自然的手势和虚拟世界交互，从而增加了用户体验的真实感和自由度。数据手套还具有体积小、重量轻、操作简单等特点，因此得到了广泛的应用。

在实际应用中，数据手套上不但配有识别手掌、手指姿势的传感器，还必须配有空间位置跟踪器，用于检测手部整体在三维空间中的方位。目前已经有多种数据手套产品，它们的区别主要在于采用的传感器不同。

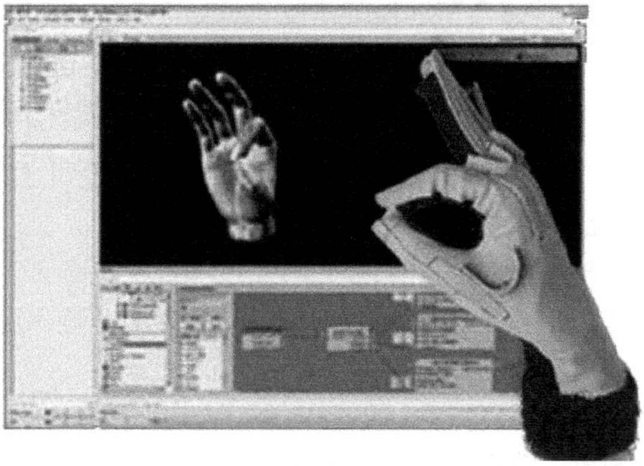

图 3-1　数据手套使用效果

1. 5DT 公司的传感器数据手套

5DT 公司的传感器数据手套包括 5 个传感器和 14 个传感器两款，图 3-2 所示的是 14 个传感器款的。5 个传感器的每个手指 1 个传感器，测量使用者的手指弯曲位置，14 个传感器的每个手指 2 个传感器，手指之间还各有一个传感器，不仅测量使用者的手指弯曲位置，还可测量手指之间的夹角，能够很好地区分每根手指的外围轮廓。系统通过一个 RS-232 接口，或无线通信模块（最远支持 20 m 距离）与计算机相连。手套为可伸缩的合成弹力纤维制造，可以适合不同大小的手掌，还有左手和右手型号可供选择。

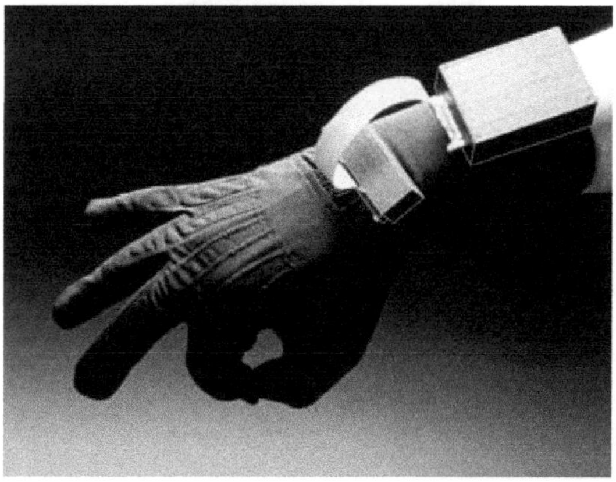

图 3-2　14 个传感器数据手套（有线/无线）

2. CyberWorld P5 Glove 虚拟现实数据手套

CyberWorld 公司生产的 CyberWorld P5 Glove 虚拟现实数据手套（图 3-3）是一款采用独特弯曲传感器和远程跟踪技术的交互产品，可用于使用者与 3D 游戏及虚拟现实环境的实时互动。P5 Glove 采用五根手指独立测量的方式，解析度为 0.5°（0～90°范围），刷新率为 60Hz，它的优势如下所述。

- 符合人体工程学原理的设计，产品重量仅为 4.5 盎司（约 127g）；
- 第一款广泛的虚拟现实 3D 交互产品；
- 鼠标模式与任何应用兼容；
- 六自由度追踪（*XYZ* 轴、摇摆、倾斜及滚动），可确保逼真动作；
- 提供弯曲传感器和光学跟踪技术；
- 即插即用方式，可与 PC 的 USB 端口直接连接；
- 配有防剐擦、防反射镜头的红外控制接收器；
- 可在不同环境中使用。

目前专业版 P5 数据手套可以有效地提升 PC 游戏体验，用户可以真实地在视频游戏中舞动宝剑，穿越在线房间，或从屏幕上拾起物体，P5 的强大功能让用户能够以前所未有的方式体验到如同身临其境的 3D 虚拟游戏。未来 CyberWorld 公司将研发应用于更多虚拟现实领域的数据手套。

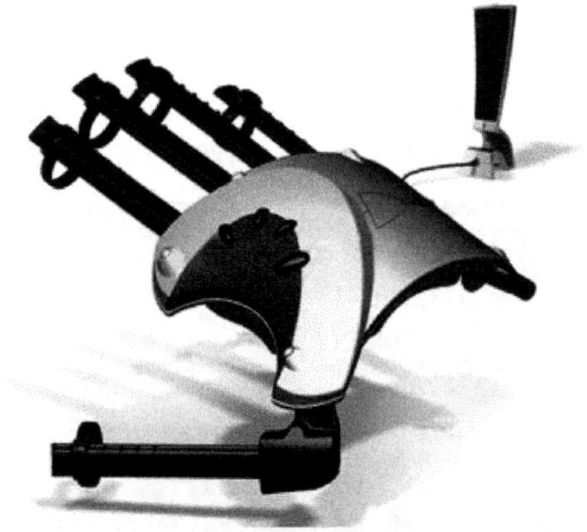

图 3-3 CyberWorld P5 Glove 虚拟现实数据手套

（二）人体运动捕捉设备

人体运动捕捉是记录人体运动信息以供分析和回放的技术。捕捉的数据既可简单到记录躯体部件的空间位置，也可复杂到记录脸部和肌肉群的细致运动，目的是把真实的人体动作完全附加到虚拟场景中的一个虚拟角色上，让虚拟角色表现出真实人物的动作效果。运动捕捉系统是一种用于准确测量运动物体在三维空间运动状况的高技术设备。它基于计算机图形学原理，通过排布在空间中的数个视频捕捉设备将运动物体（跟踪器）的运动状况以图像的形式记录下来，然后使用计算机对该图像数据进行处理，得到不同时间计量单位上不同物体（跟踪器）的空间坐标。从应用角度来看，运动捕捉设备主要有表情捕捉和肢体捕捉两类，从实时性来看，运动捕捉设备可以分为实时捕捉和非实时捕捉两类。

运动捕捉技术的出现可以追溯到 20 世纪的 70 年代末，当时的迪士尼公司在《白雪公主与七个小矮人》影片中试图通过“临摹”高速拍摄真实演员动作的连贯相片来提高动画角色的动作质量，可惜结果不尽如人意，动作的确很逼真，但缺乏卡通性和戏剧性，最后迪士尼放弃了这一动画制作方法。

当计算机技术开始应用于动画制作时，纽约计算机图形技术实验室的 Rebecca Allen 就设计了一种水银镜子，将真实舞蹈演员的表演姿势投射在计算机屏幕上，作为数字舞蹈演员动画关键帧的参考。此后，运动捕捉技术吸引了越来越多研究人员和开发商的目光，并从实验性研究逐步走向了实用化和商业化。随着计算机软硬件技术的飞速发展，目前在发达国家，运动捕捉已经得到广泛的应用，成功地应用于影视特效、动画制作、虚拟现实、游戏、人体工程学、模拟训练、生物力学研究等许多方面。

人体运动捕捉设备一般由传感器、信号捕捉设备、数据传输设备和数据处理设备四部分组成，根据传感器信号类型的不同，可以将运动捕捉设备分为机械式、声学式、电磁式和光学式四种类型。随着技术的发展，目前光学式运动捕捉设备的使用越来越多，它利用图像识别技术进行运动分析，从而直接识别出表演者身体关键部位并测量其运动轨迹，例如，根据人体轮廓特征提取运动信息，或者利用有网格的背景来简化处理过程，其原理如图 3-4 所示。光学式运动捕捉的优点是运动者活动范围大，无电缆、机械装置的限制，使用方便；其采样速率较高，可以满足多数高速运动测量的需要，但是设备的价格也很昂贵。

图 3-4　光学式人体运动捕捉设备

目前，在虚拟现实游戏及增强现实体验中，比较常见的还有微软公司为Xbox36 开发的 Kinect 交互设备。该设备的光学部分包括红外线发射器和红外线/VGA 摄像头组两个主要部件。红外线发射器发出一道“红外激光”覆盖整个 Kinect 的可视范围；摄像头组接收反射光线来识别用户姿态，其中红外摄像头识别图像的“深度场”，VGA 摄像头识别图像的“颜色场”，然后系统使用图像处理技术从这两幅图像中分析出人体的运动姿态。图 3-5 展示了 Kinect 的应用场景。

图 3-5　Kinect 的应用场景

近期推出的新款 Kinect 综合了计算机视觉、机器自主学习、语音识别、面部表情识别、数字信号处理等技术，能够更精确地进行骨架跟踪，更精确地进行关节和肢体活动的映射，当用户活动上半身时，能把从臀部到背部、再到手指的一系列的运动识别出来，最后融为一个完整连续的动作反映到游戏中。不仅仅是动作，它还能“理解”移动中人的表情和声音，最多同时“认出”6 个人，这些新的特点使开发者们可以基于 Kinect 能感知的语音、手势和体验者的感觉信息，带来前所未有的互动性体验。图 3-6 是新款 Kinect 的外观。

图 3-6　新款 Kinect

（三）数据衣

数据衣（Data Suit）是一种轻量级、便携式的人体跟踪设备，可以实现对全身运动的识别。同数据手套的原理类似，该设备将大量传感器配置在紧身衣上，通过对四肢、腰部、各关节等人体部位进行检测，实现用户运动轨迹的跟踪和记录。目前数据衣已大量应用于虚拟游戏、电影特效等商业领域。

图 3-8 是一套 XSens MVN 数据衣，以独特的微型惯性传感器（MTx）和无线 Xbus 系统为基础，结合生物力学原理开发而成。它采用了 16 个微型惯性运动传输传感器，可以进行 6 自由度（3 个平移参数、3 个旋转参数）的人体动作捕捉，无须外部照相机和发射器等装置，避免了信号阻挡或标记物丢失而造成的误差，同时也降低了外接线路对用户行动的限制。Xsens MVN 产品拥有两个硬件配置 MVN Link（有线版）和 MVN Awinda（无线版）。以专用软件 MVN Studio 实时记录数据、查看动态捕捉效果。MVN 独特之处在于不受光线的影响，具有超长的捕捉范围。新版 Xsens MVN 动作捕捉系统在母公司 FairChild 国际芯片大厂协助之下，采用了新型的核心传感器技术，使得最新版捕捉系统无论是硬件设备还是软件功能方面均得到大幅的提升，如双脚同时离地、跳跃、爬楼等，骨骼数据实时录制无任何漂移现象，如图 3-7 所示。

图 3-7　XSens MVN 数据衣

（四）三维扫描仪

三维扫描仪又称为三维数字化仪或三维模型数字化仪，是一种先进的三维模型建立设备，它是当前使用的对实际物体三维建模的重要工具，能快速方便地将真实物体的立体参数信息转换为计算机能直接处理的数字信号，为实物数字化提供了有效的手段。三维扫描仪可以显著降低手动建模的成本和误差，特别适用于不规则的三维模型，因此在三维建模方面有着重要的应用价值，现已广泛应用于工业设计、文物保护、游戏开发等众多领域。

三维扫描仪扫描的是物体表面每个采样点的三维空间坐标，输出的是包含物体表面每个采样点的空间坐标和色彩信息的数字模型文件，可以直接导入 AutoCAD、3ds Max 等建模软件。根据工作原理可以将三维扫描仪分为接触式和非接触式两种，另外还有一类基于机器视觉的三维扫描仪。例如，用相机拍摄多张光照不同的照片，利用光学原理综合多张照片中的光学模型计算出物体的三维模型。根据工作场景不同，三维扫描仪还有机载、车载、地面等的区别。图 3-8 展示了几种不同三维扫描仪及其应用场景，具体介绍如下所述。

（a）为机载三维扫描仪，它是集激光扫描、全球定位系统、惯性导航、摄影测量等多种技术于一体的新兴空间测量技术，能够快速、精确地获取地表三维空间信息，是继 GPS 技术后的又一大技术革命。

（b）是车载三维扫描仪，用于在地面获取较大场景时使用，在汽车移动过程中，快速获取高精度定位定姿数据、高密度三维点云和高清连续全景影像数据，通过统一的地理参考和摄影测量解析处理，实现无控制的空间地理信息采集与建库。

（c）是地面三维扫描仪，主要用于对建筑物进行测量和建模，包括激光测距系统和激光扫描系统，同时也集成 CCD 和仪器内部控制和校正等系统。在仪器内，通过一个测量水平角的反射镜和一个测量天顶距的反射镜同步、快速而有序的旋转，将激光脉冲发射体发出的窄束激光脉冲依次扫过被测区域，测距模块测量每个激光脉冲的空间距离，同时扫描控制模块控制和测量每个脉冲激光的水平角和天顶距，最后按空间极坐标原理计算出扫描的激光点在被测物体上的三维坐标。

（d）为便携式三维扫描仪，它是 Creaform 生产的 EXAscan™手握式高分辨率激光扫描仪。

(a) 机载三维扫描仪　(b) 车载三维扫描仪

(c) 地面三维扫描仪　(d) 便携三维扫描仪

图 3-8　三维扫描仪及其应用场景

（五）眼动仪

眼动仪是一类记录眼球运动轨迹的新型跟踪设备。早在 19 世纪就有人通过考察人的眼球运动来研究人的心理活动，通过分析记录的眼动数据来探讨眼动与人的心理活动的关系。眼动仪的问世为心理学家利用眼动技术（Eye Movement Technique）探索人在各种不同条件下的视觉信息加工机制，观察其与心理活动直接或间接奇妙而有趣的关系提供了新的有效工具。眼动技术先后经历了观察法、后像法、机械记录法、光学记录法、影像记录法等多种方法的演变。眼动技术就是通过对眼动轨迹的记录从中提取诸如注视点、注视时间和次数、眼跳距离、瞳孔大小等数据，从而研究个体的内在认知过程。

20 世纪 60 年代以来，随着摄像技术，红外技术（Infrared Technique）和微电子技术的飞速发展，特别是计算机技术的运用，推动了高精度眼动仪的研发，极大地促进了眼动研究在相关学科中的应用。眼动心理学的研究已经成为当代心理学研究的一种重要手段。

现代眼动仪的结构一般包括四个系统，即光学系统、瞳孔中心坐标提取系统、视景与瞳孔坐标叠加系统和图像与数据的记录分析系统。眼动有三种基本方式：注视（Fixation）、眼跳（Saccades）和追随运动（Pursuit Movement）。

眼动仪通过记录注视、眼跳、追随运动等眼动轨迹，可以提取注视点、注视时间和次数等信息。眼动仪在市场研究、医学、游戏开发等领域有一定的应用前景。

根据设备是否可佩戴，眼动仪可分为头戴式和远程式两类。图 3-9（a）是 SMI iView X™头戴式眼动仪，该产品体积轻巧、佩戴方便，可以在体育项目、驾驶等移动应用中使用。图 3-9（b）所示为 SMI iView X™ RED 遥测式眼动仪，采用无接触的远程设置方式，可在几秒钟内快速完成自动校准，测试者头部移动不受限制，适用于多数眼镜佩戴者。

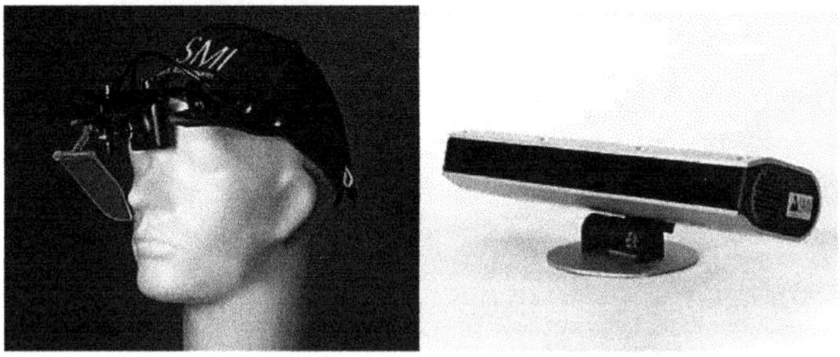

(a) 头戴式眼动仪　　(b) 遥测式眼动仪

图 3-9　眼动仪

（六）其他手控输入设备

为了对传统的鼠标、键盘等交互设备进行改进，人们还设计出了一些其他手控输入设备，如三维鼠标、力矩球等。这些设备的交互方法与传统设备类似，但是在功能上有所增强。

三维鼠标通过安装在鼠标内部的超声波或电磁发射器及基座上的接收器可以检测鼠标的空间位置，完成 6 自由度的鼠标交互。其工作原理是在鼠标内部装有超声波或电磁探测器，利用这个接收器和具有发射器的固定基座，就可以测量出鼠标离开桌面后的位置和方向。图 3-10 所示是 3Dconnexion 探索者 SpaceExplorer USB 接口专业 3D 鼠标。SpaceExplorer 采用六自由度传感器和 2.4GHz 无线技术，支持双手工作方式进行 3D 导航，提供多个可编程按键，可以代替键盘上的 Ctrl、Shift 等键，从而减少手移动到键盘所花费的时间。图 3-10（a）展示了它的外观，图 3-10（b）是 SpaceExplorer 配合鼠标双手工作的场景，一只手可以操纵 SpaceExplorer 定位模型，然后进行旋转和平移、缩放，一步到位；另一只控制鼠标的手则可以同时编辑模型或选择菜单项，使工作更为自然灵敏。

(a) 3D鼠标外观　　　　(b) 3D鼠标双手应用场景

图 3-10　3D 鼠标

空间球类似于三维鼠标，是一种可以提供 6 个自由度的桌面设备，它被安装在一个小型的固定平台上，可以进行扭转、挤压、按下、拉出和来回摇摆。球中心的张力器检测出手施加的力并将其转换为 3 个平移参数和 3 个旋转参数传回计算机，可以实现对三维物体不同角度的观察和操控，如图 3-11 所示。

图 3-11　空间球

二、输出设备

（一）头盔显示器

头盔显示（Head-Mounted Display，HMD）系统是最为典型、也是目前应用最为广泛的虚拟现实显示系统，它是佩戴在用户头部，可以随着用户移动和转动，并且向用户眼睛显示图像信息的设备。头盔上配有三维定位跟踪设备，用于实时探测头部的位置和朝向，并反馈给计算机。计算机根据这些反馈数据实时生成反映当前视点位置和朝向的场景图像，并显示在头盔显示器的屏幕上。通常，头盔显示器具有左右两个显示屏，它们分别置于人的两只眼睛的前面，用于向左右眼分别显示具有视差的两幅图像，这样用户就能够感受到立体视觉效果。头盔显示器可以将用户与外界完全隔离，因而已成为沉浸式虚拟现实系统和增强式虚拟现实系统不可或缺的显示设备。

头盔显示器中的关键部件是左右眼显示屏，以及相应的光学透镜。显示屏的制作工艺包括 CRT、LED、VRD、等离子管等。其中，CRT 显示屏有较高的分辨率，但是较重且辐射高，早期多采用；LED 显示屏工作电压低、功耗小、散热小、没有辐射、对人体健康无损害、可视面积大、画面稳定不闪烁，但是，LED 技术的图像清晰度较低，目前市场出售的头盔显示器大多是依靠电视机质量的液晶显示。（Virtual Retinal Display，虚拟视网膜显示 VRD）利用人类视觉的深度感知特性，直接把调制的光线通过微投影技术投射在人眼的视网膜上，产生光栅化的图像。视网膜没有持续性质，因此没有闪烁感，产生的图像很亮，视场也很宽，能产生更真实的立体感，是最新的发展方向。

图 3-12 是 Sensics zSight 专业级头戴式显示器，采用 OLED 微型显示屏，具有超高亮度、清晰度和对比度，单眼分辨率可达 SXGA 1280 像素×1024 像素全彩色像素，有两种用户自选使用模式，一种是 60°视域 100%双目重叠，另一种是 70°视域 75%双目重叠，具有重量轻、佩戴舒适、低功耗的特点，是训练、成像、军事战术显示以及远程参与等领域的理想解决方案。

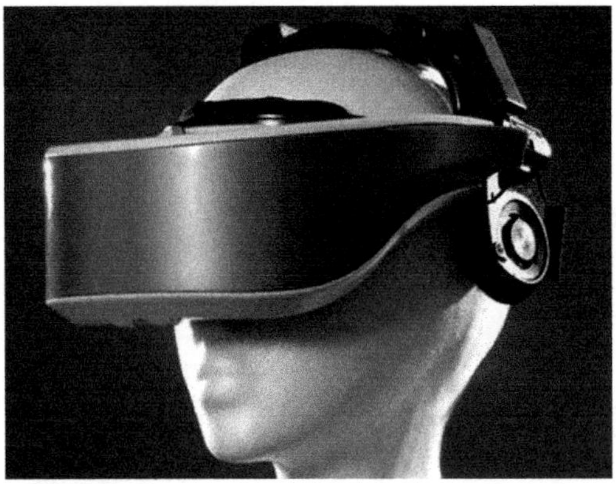

图 3-12　Sensics zSight 专业级头戴式显示器

与虚拟现实系统不同，增强现实系统中所使用的头盔显示器还具有看穿功能。根据“看穿”功能的实现原理不同，这种头盔显示器可以分为视频透视式和光学透视式两类。视频透视式显示器通过使用连接到护目镜外侧的小型视频摄像机来捕获真实影像，勾画出佩戴者的周围环境。在显示器内侧实时播放捕获到的视频影像，并且将虚拟三维模型添加到视频影像上，最终得到虚实结合的效果。如图 3-13 所示的 Vuzix M2000AR 增强现实 HMD，它是全球首款基于波导的高清透视增强现实系统，采用使用 Vuzix 专利的波导光学技术的单眼镜头，集成了 720 像素显示器、1080 像素摄像头，以及头部追踪等功能，能够在超薄、超轻显示器上显示全彩色图像。Vuzix M2000AR 最初为军用市场研发，由于其使用方便，坚固耐用，在工业环境中可用于设备维护和培训等。

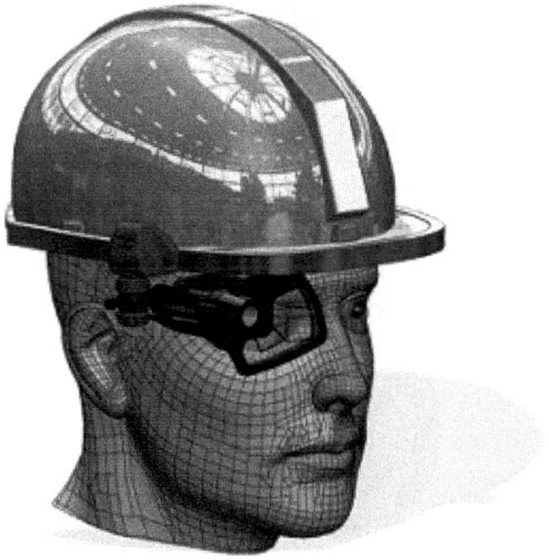

图 3-13　视频透视式增强现实 HMD

光学透视式显示器使用一个分光片作为显示镜片，它可以让现实世界中的光线穿过分光片直接进入人眼，也可以同时反射旁边摄像机的影像进入人眼，从而实现在自然视野中叠加虚拟模型的效果。如图 3-14 所示的 Rockwell Collins Sim Eye SXL50 STm 增强现实（AR）数据头盔，采用高性能光学元件，可进行高透视传输，具有单色 SXGA 分辨率（1280 × 1024）和超宽视域，光学模块安装在全新改进的符合人体工程学设计的头带上，还具有下视功能，适用于飞行员的飞行模拟训练、增强现实、模拟应用等诸多领域。

图 3-14　光学透视式增强现实 HMD

此外，由于 VRD 技术的优越性，市场推出了基于 VRD 技术的增强现实 HMD，如图 3-15 所示的 Avegant Glyph。Avegant Glyph 看起来就像是个头戴耳机，在两侧耳机的连接板位置嵌有一个虚拟视网膜显示屏，通过 200 万个微型镜面将画面直接投射在使用者的视网膜上，能提供相当于 80 英寸（1 英寸=2.54cm）的屏幕面积和 120Hz 的刷新率，这个延迟级让用户难以察觉，不会产生视觉残留的现象。以这种成像方式，Avegant Glyph 所产生的画面会成为真实视野的一部分，从而更有沉浸感。

图 3-15　增强现实 HMD

（二）洞穴式立体显示装置

由于 HMD 系统存在若干缺点，例如，单用户的局限性、显示屏幕分辨率不高、因头盔过于沉重带给用户的负担，以及屏幕过近带给眼睛的不适感等。于是在 1991 年，Universityof Illinois 的 DeFanti 和 Sandin 针对 HMD 的缺点提出了一种改进的沉浸式虚拟显示环境：吊杆式虚拟环境，后来发展为 CAVE 系统。CAVE 洞穴系统是一种基于多通道视景同步技术和立体显示技术的房间式投影可视协同环境，分为四投影面（三个墙壁和一个地板）、五投影面和全封闭六投影面三种虚拟现实完全沉浸效果。由于投影面积能够覆盖用户的所有视野，超宽视频、无任何视角盲点，用户完全被一个立体投影画面所包围，所以 CAVE 洞穴系统能提供给用户一种前所未有的带有震撼性的身临其境的沉浸感受。

CAVE 系统包括虚拟现实专业图形工作站、多通道立体投影系统、房间式投影银幕等部分。它的结构及应用效果如图 3-16 所示，首先使

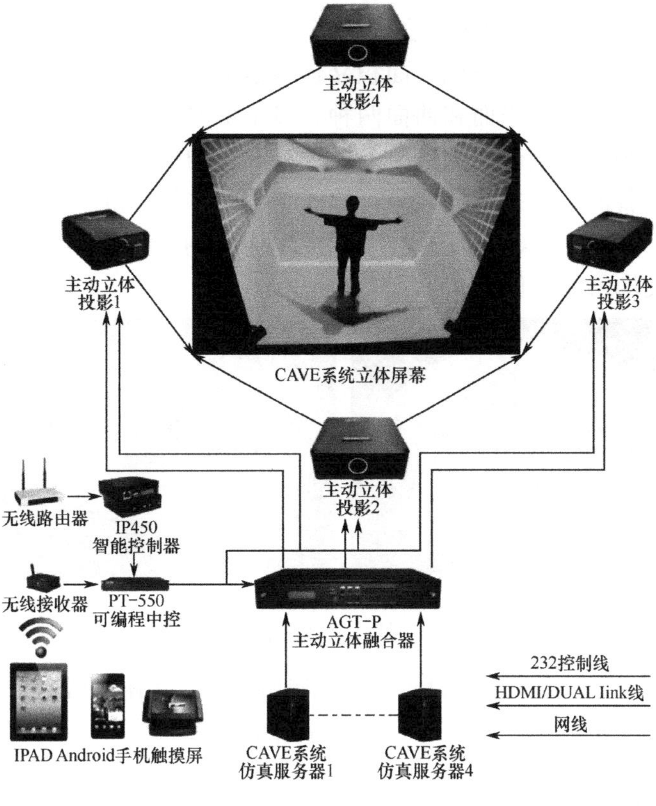

图 3-16 洞穴式立体显示装置（CAVE）

用投影系统投射出多个投影面，形成房间式的空间结构；然后用户佩戴立体眼镜和跟踪定位设备置身于该房间中，系统会根据用户的方位实时显示立体画面，这样用户就感觉完全置身于虚拟场景中一样。

CAVE 系统通过在每面投影墙上使用多个投影来增大洞穴虚拟显示系统的分辨率，特别适用于模拟驾驶训练、演示教学培训、虚拟生物医学工程、地质、矿产、石油、航空航天、科学可视化、军事模拟、指挥、虚拟战场、电子对抗、地形地貌、地理信息系统（GIS、建筑视景与城市规划、地震及消防演练仿真）等领域，由于 CAVE 环境中通常可容纳多人，因此是一个理想的虚拟现实显示系统。

（三）墙式立体显示系统

除 CAVE 系统外，虚拟现实系统还大量使用多种墙面式投影，并进行立体显示。墙式立体显示系统（图 3-17）通常采用大屏幕投影设备，可供多个用户同时使用，分为单台投影机主动式、单台投影机被动式、双台摄影机被动式这三种常见类型。在实际应用中对于需要较大投影屏幕的场合，可以将多台显示器组合形成大面积立体显示屏幕，即墙式全景立体显示屏幕，该类设备可分为平面和曲面两种。多个屏幕的拼接处通常有一定宽度的空缺或重叠，观众会察觉到一条黑色或发亮的窄缝，因此屏幕边缘的拼接是该类设备的关键技术。此外，墙式全景立体显示屏幕还要利用非线性集合矫正、热点补偿、伽马矫正、色平衡等关键技术，以得到一个无缝的、亮度及色度均匀的图像。

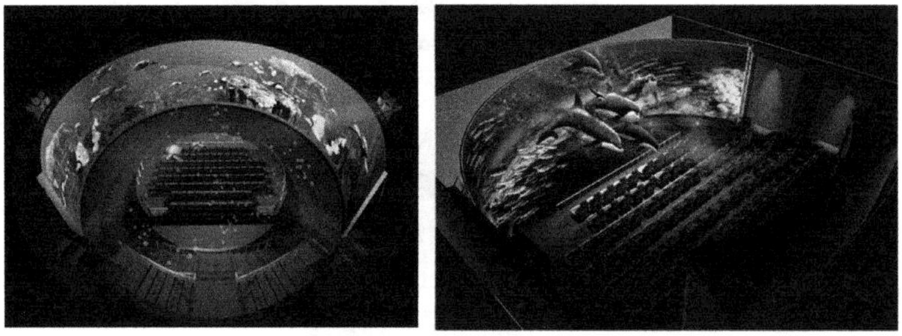

图 3-17　墙式立体投影显示系统

总的说来，投影式立体显示设备沉浸感较强，适用于博物馆、展览馆等多用户场合，但价格高昂，安装和维护费用也较高。

（四）全息投影系统

全息投影技术（Front-Projected Holographic Display）也称虚拟成像技术，是利用干涉和衍射原理记录并再现物体真实的三维图像的技术。全息投影技术不仅可以产生立体的空中幻象，还可以使幻象与表演者产生互动，一起完成表演，产生令人震撼的演示效果。

全息投影的发明是 1947 年英国匈牙利裔物理学家丹尼斯·盖伯在英国 BTH 公司研究增强电子显微镜性能手段时偶然发现的，在这个领域中被称为电子全息投影技术，但是全息投影技术一直到 1960 年激光的发明才取得了实质性的进展。第一张实际记录三维物体的光学全息投影照片是在 1962 年由苏联科学家尤里·丹尼苏克拍摄的。与此同时，美国密歇根大学雷达实验室的工作人员艾米特·利思和尤里斯·乌帕特尼克斯也发明了同样的技术。尼古拉斯·菲利普斯改进了光化学加工技术，以生产高质量的全息投影图片。促使全息投影在短时间内获得蓬勃发展的关键原因是低成本固体激光器的大规模生产，如 DVD 播放机和其他的一些常用设备中所使用的激光器。这些激光器对全息投影的发展产生了极大的促进作用。这些廉价的体积又很小的固体激光器可以在某些条件下与最初用于全息投影的那些大型昂贵的气体激光器相媲美，因此使得预算较低的研究者、艺术家甚至业余爱好者都可以参与到全息投影研究中来。

全息投影可以分为以下若干类。

（1）空气投影和交互技术：在美国麻省一位叫 ChadDyne 的 29 岁理工研究生发明了一种空气投影和交互技术，这是显示技术上的一个里程碑，它可以在气流形成的墙上投影出具有交互功能的图像。此技术来源海市蜃楼的原理，将图像投射在水蒸气液化形成的小水珠上，由于分子振动不均衡，可以形成层次和立体感很强的图像。

（2）激光束投射实体的 3D 影像：这种技术是利用氮气和氧气在空气中散开时混合成的气体变成灼热的浆状物质，并在空气中形成一个短暂的 3D 图像。这种方法主要是不断在空气中进行小型爆破来实现的

（3）360°全息显示屏：这种技术是将图像投影在一种高速旋转的镜子上，从而实现三维图像，如图 3-18 所示。该设备由两个部分组成，一个是全透明的金字塔（360°影像显示器）及其成像光源成像装置设备；另一部分是触摸控制调换播放内容的触摸设备。设备通过软件与光影的组合在金字塔中央形成三维立体影像，可供观众 360°全方位观看，配合触摸设备，可供参观者随性选择更换全息幻影的显示内容，让观众充分体验到设计者的思维创意。

图 3-18　360°全息显示屏

全息投影技术代表了显示技术未来发展趋势，图 3-19 是电影《普罗米修斯》中外星基地全息投影，这也是科幻电影经常会出现的场景。

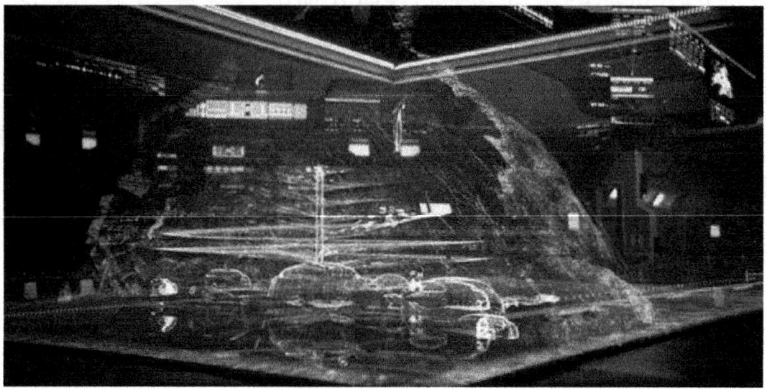

图 3-19 全息投影技术在电影中的应用

三、配套设备

（一）听觉感知设备

除视觉外，听觉也是人类感知世界的重要通道，对保证虚拟现实系统的沉浸感起着重要的作用。和立体显示设备等视觉感知硬件相比，听觉感知设备价格普遍较低。其中，耳机和音响是两种常见的听觉感知设备，如图 3-20 所示。

1. 扬声器

扬声器的作用是把音频信号转换成声音并辐射到空间中去。按换能原理可分为动圈式、静电式、电磁式、压电式等类型。其中，电动式扬声器具有电声性能好、结构牢固、成本低等优点，因此应用较为广泛。按频率范围可分为低频扬声器、中频扬声器、高频扬声器等；按安装位置可分为内置扬声器和外置扬声器（音箱）。扬声器的主要性能指标有灵敏度、频率响应、额定功率、额定阻抗、指向性、失真度等。

图 3-20　常见听觉感知设备

2. 耳机

根据佩戴方式可以将耳机分为耳塞式、挂耳式、入耳式、头戴式等类型；根据音源可分为有源耳机和无源耳机；根据换能器的不同可将耳机分为动圈式、静电式、等磁式等类型。著名的耳机生产商有森海塞尔（Sennheiser）、AKG（爱科技）、拜亚动力（Beyerdynamic）、索尼（Sony）等。耳机的评价指标可以借鉴扬声器的评价体系，具体信息可参考国际电工委员会 IEC581-10 标准中高保真耳机的主要性能指标。总的说来，高质量的耳机应该保证声音清晰、细节清楚、各频段的连接自然平滑。

（二）触觉感知设备

触觉是感知世界的重要通道，可以为人们提供接触反馈和力反馈两类感知信息。接触反馈指人与物体接触时感受到的触觉、压力、振动、温度、痛觉等，通过这些感受，人们能感觉到物体的光滑度、纹理、形状等信息。力反馈指人们通过肌肉、关节等部位的发力而感受到的重量、摩擦力等感觉。

1. 接触反馈设备

人体具有温度、疼痛、压力、触感等多种感知器，通过这些感知器，人们可以感觉到接触物的温度、形状、纹理等信息。但由于目前对人体感知机能认识的不足，现有接触反馈设备主要局限于手指的触觉感知反馈。根据接触反馈的方式，可以将这类设备分为充气式、振动式、微电刺激式、神经肌肉刺激式等类型。

微电刺激式和神经肌肉刺激式设备均通过刺激信号刺激用户相应的感受器官以实现触觉反馈。出于安全考虑，充气式和振动式设备更为常用。充气式接触反馈手套通过空气压缩泵的充气和放气实现多个气囊的迅速加压和减压。充气时气囊压迫皮肤从而产生一种模拟的触觉感受。而振动式接触反馈手套配置了多个由状态记忆合金制成的小型振动换能器，通过形变让用户感知光滑度等感觉。换能器的反应速度快，适用于快速、不连续的感觉模拟。气囊需要通过充气和放气来进行状态转换，因此适用于缓慢、连续的感觉模拟。

图 3-21 展示了一个高级虚拟现实多模式触觉模拟仿真系统，其中核心部件 Haptic Workstation 是 Immersion 公司的突破性创新 3D 触觉产品。该产品是一套完整集成的仿真系统，配有左、右手整个手部的力反馈系统、沉浸式 3D 立体浏览系统，以及简单易用的 CAD 模型操纵和互动软件，还可与 CyberForce 配合使用，是世界首款桌面型全手及手臂作用力反馈装置，也是一款力反馈装甲，不仅可以向手和手臂传送真实的作用力，还具有 6 自由度定位跟踪功能，可准确地测量出手在三维空间内的平移和旋转。该产品是虚拟现实、模拟培训、远程机器人，以及 3D 交互领域的研究人员的理想工具。

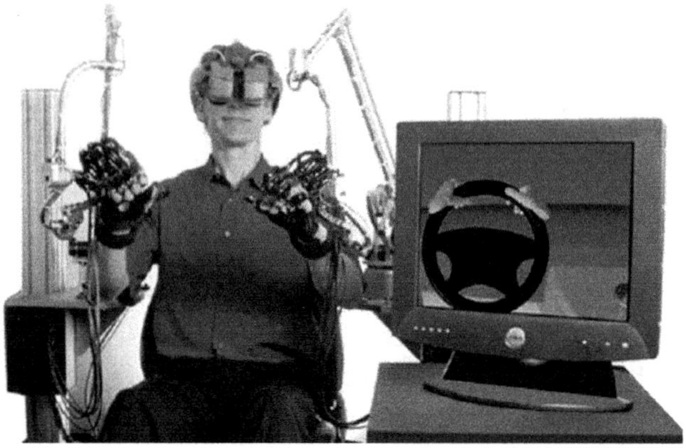

图 3-21　Haptic Workstation 系统

2. 力反馈设备

目前常见的力反馈设备有力反馈手套、桌面力反馈系统、力反馈操纵杆、悬挂式机械手臂等。

图 3-22 所示的 Phantom Premium 3.0 是一套常见的桌面力反馈系统，相当于一个小型机械手，其活动范围约为人的手臂绕肩部旋转的范围，可以提供三自由度的位置感应和三自由度的力反馈。当机械臂在空间中运动时，计算机屏幕上的指示针会显示机械臂的空间位置。当机械臂和虚拟物体接触时，系统会发出信号并将虚拟物体的质量、光滑度等信息反馈给硬件系统，由其产生相应的力传给用户，从而产生力反馈感受。

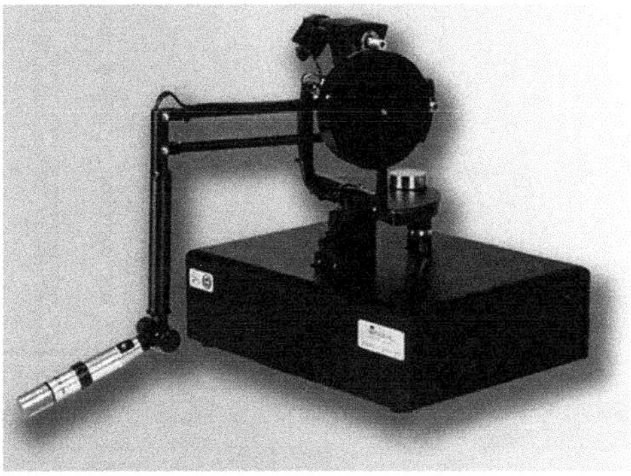

图 3-22　桌面力反馈系统

（三）三维打印机

三维打印机是根据三维虚拟模型自动制作真实物体的仪器，如图 3-23 所示。三维打印是快速成型（Rapid Prototyping，RP）的一种工艺，采用层层堆积的方式分层制作出三维模型，其运行过程类似于传统打印机，只不过传统打印机是把墨水打印到纸质上形成二维的平面图纸，而三维打印机是把液态光敏树脂材料、熔融的塑料丝、石膏粉等材料通过喷射黏结剂或挤出等方式实现层层堆积叠加形成三维实体。

三维打印技术中的每一层堆积都分为两步：首先在需要成型的区域喷洒一层特殊的胶水，胶水液滴本身很小且不易扩散；然后喷洒一层均匀的粉末，粉末遇到胶水会迅速固化，而没有胶水的区域仍保持松散状态。这样在一层胶水一层粉末的交替下，实体模型将会被“打印”成型。

目前，三维打印机除了能够在制造业中生成各种模型外，由于它的占地空间和环保理念都逐步适应了现代商务区的要求，因此也开始应用于教育、建筑、设计等多个行业。三维打印机能够轻松地将计算机中的效果模型转变为实物，更直观地表达出设计师的设计理念，便于交流和演示。

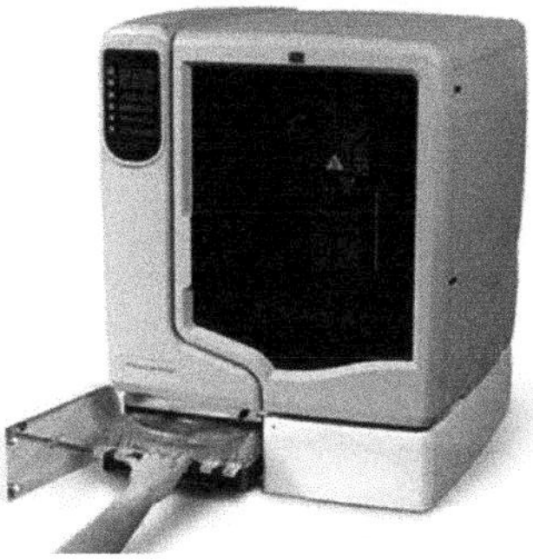

图 3-23　三维打印机

第四堂课　虚拟现实软件工具

一、信息处理软件

二、系统平台软件

软件和内容是虚拟现实系统的灵魂。随着虚拟现实技术不断成熟，硬件系统不断完善，要依靠引人入胜的内容和创作内容的软件工具来提高用户的沉浸感，达到提升用户体验的目的。

在软件工具方面，主要包括嵌入 VR 设备的信息处理软件和运行在 VR 设备上的系统平台软件。信息处理软件主要负责视频采集、三维重建、人体跟踪与动作捕捉等，系统平台软件主要有三维建模、虚拟现实引擎、虚拟现实开发工具和相关行业应用等。

一、信息处理软件

（一）视频采集

视频采集是配备 VR 输入设备的专用软件，用于构建 VR 场景和三维模型的视音频数据采集，主要有 3D 立体拍摄设备的图像采集系统和 360°全景拍摄设备的图像采集系统。

1. 3D 立体拍摄设备相关软件

立体电影拍摄技术特指用两台摄像机同时以一定间距和夹角来记录影像的方式。这种拍摄方式需要专用的 3D 立体拍摄设备，使用两台高清摄像机或者电影机，通过专业的 3D 立体拍摄架进行左右平行或者是上下垂直等方式的 3D 立体拍摄；在立体拍摄过程中，需要专业的 3D 立体监视器实时监看立体效果，并根据不同的场景、主题等需要调节 3D 立体拍摄架，使 3D 立体摄像机形成不同的夹角，拍摄出屏立体效果或者入屏纵深效果，从而达到不同的 3D 立体效果。

3D 立体拍摄设备嵌入的软件主要用于支架云台校准控制和图像校正等。以 Stereolabs 公司的 PURE 3D 立体拍摄支架云台校准控制图像校正系统为例，它是一款专为演播室和移动式 3D 制作而设计的软件，主要功能与技术特点如下所述。

- 精确监视并检测 3D 信号，实时分析并追踪摄像机之间微小的光学或机械上的不匹配，如滚动、夹角、垂直偏差、变焦、焦点、光圈等，分析信息可以远程显示在装有 PURE 远程应用程序的 iPhone™，iPad™ 和 Android 上。
- 快速校准来自下列厂家的支架：Stereotec，CPG，P+S Technik，Microfilms，Screenplane 等，通过为支架上的每个轴都创建一个 LUT 查找表，补偿机械偏差，3min 之内可以手动或自动校正微小的错位。
- 可以连接电动机控制系统，如 Cmotion Camin 和 Chrosziel Aladin，能够完全遥控操作支架，选择最佳轴间距和夹角。
- 独立于立体支架、摄像机和镜头，可以匹配任何摄像机和外接镜头对，包含安琴、富士能与佳能定焦或伺服镜头。
- 通过实时机械调节或数字处理，不断解决校准错误，可进行连续图像匹配。
- 场景的深度空间量：可以自动调节轴间距和夹角。
- 实时计算场景的密集深度图：根据深度空间量自动调整轴间距和夹角，保证视觉舒适度的同时来提高 3D 效果的体验。
- 记录几何参数、色彩和深度错误以及时码信息，以文本文件和 PDF 格式报告，进行现场质量检测，加速完成后期制作。

应用 PURE 进行 VR 立体视频拍摄的流程如图 4-1 所示。

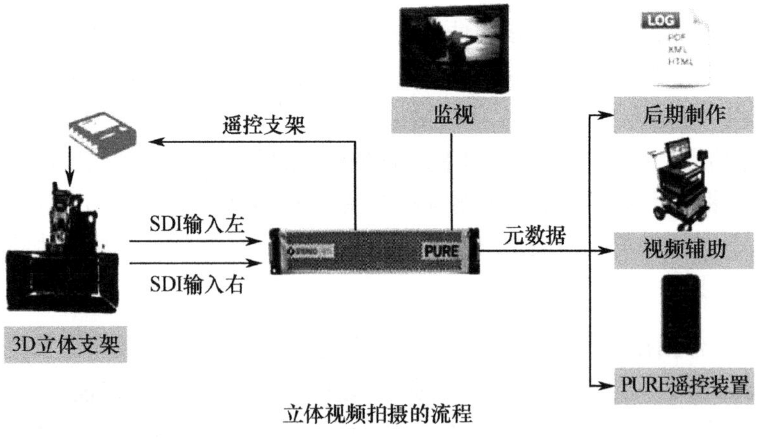

图 4-1 立体视频拍摄的流程

2．360°全景拍摄设备相关软件

全景图是一种全新的图像信息组织模式，可以表达完整的周围环境信息，相当于人们从一个固定点向四周转一圈所看到的景象。根据全景外在表现形式可以分为圆柱形全景、球形全景和立方体全景三种模式，不同模式全景图的存取难易程度均有很大差异。

立方体全景图由六个平面投影图像组成，这种结构模式规则性好，易于用计算机存取控制，但用相片构建立方体形全景图，相片的获取和相机的标定困难较大，因立方体的相邻表面之间是相互垂直的，从而要求照相机主光轴在获取相邻的相片时必须垂直，且摄取每一个平面图像需要 90°的广角镜，以避免图像的变形，因此照相机标定的准确与否将决定能否成功生成全方位全景图像。

球形全景图是将由普通照相机拍摄的相片经镶嵌形成一个球体的形状。这种模式与立方体形模式均能支持参与者在照相机的视点，它的视角是水平360°，垂直 180°，是全视角的，可以以任意的视线方向考察周围的环境。但是要构成球形模式的全景图，必须先将平面相片投影成相应的球面图像，这是一个在图像平面的 X 与 Y 方向的非线性图像变形过程，且每个球面图像都有多个相邻图像，因此在全景图镶嵌过程中图像求交定位均比较困难。再者，很难找到一个与球面相对应且易于存取的数据结构，以存放球面图像数据。

圆柱形全景图是用全景图相机拍摄的全景相片，或者是计算机绘制的全景图像，或者是由普通相机拍摄的相片拼接成的一个以相机视点为中心的圆柱形，该全景在水平方向能够实现视线 360°的环视，而在垂直方向参与者视线的转动角度小于 180°，此模式具有下面两个明显优点：

一是单帧相片的获取方式比立方体形模式和球体全景都要简单。

二是根据几何常识，圆柱面可展开成一个矩形平面，可将圆柱全景图展开成一个矩形图像，且直接利用计算机的图像格式进行存储与访问。虽然圆柱形全景在垂直方向允许参与者视线的转动角度小于 180°，由于圆柱形全景在照相机标定方法上没有其他两种类型复杂，同时在绝大多数应用中，体现横向 360°的环视环境已足以表达空间信息，因此柱面全景图的生成问题具有一定的代表性，是目前虚拟环境的较为理想的选择。

柱面全景图是通过将多幅场景图像经过投影变换后再进行拼接生成的。图像拼接主要是根据两图像重叠区域的相似度来实现，其困难之处在于如何

保证生成图像的几何性和颜色协调性。目前已经存在很多的图像拼接算法，主要分为两大类：

（1）基于面积的方法。这种方法是把一幅图像中某一像素的像素值邻域作为模板，在另一幅图像中搜索具有相同（或相似）像素值分布的对应点邻域，从而确定两幅图像的重叠范围。

（2）基于特征的方法。通过像素值导出符号特征（如特征点、特征线段等）来匹配，所以，它比基于面积的方法要快得多。目前的大多数图像拼接算法都是采用这种方式的。

全景软件就是通过专业软件制作把拍摄的图片制作成全景图的软件，以造景师软件为例，它是一款行业领先的虚拟现实制作工具，用于拼合360°球形或柱形全景图，主要用于房产楼盘、旅游景点、宾馆酒店、校园风光等场景的三维虚拟漫游效果的网上展示，让观看者无须亲临现场即可获得360°身临其境的感受。同时支持鱼眼照片和普通照片的全景拼合，以及全屏模式、批量拼合、自动识别图像信息、全景图像明暗自动融合等功能，其特点如下所述。

- 图像拼合速度快：根据实际需要选择拼合成“球形全景”还是“立方体全景”或者“柱形全景”，同时仅需花费2~5min即可轻松拼合一幅高质量的360°球形或柱形全景图。
- 支持鱼眼图拼合：不同的鱼眼图有不同的拼合算法，可根据所用设备来选择相匹配的拼合算法，包括整圆鱼眼、鼓型鱼眼、全帧鱼眼、针对普通广角照片等。
- 支持建模鱼眼图和建模立方体图拼合：不仅拼合相机拍摄照片可以拼合，用建模渲染出来整圆鱼眼图和立方体图也能拼合。
- 支持球立互转：球形全景图与立方体全景图可相互转换。
- 支持自动去除三脚架功能：在全景图拼合完成以后，可以直接在软件中使用去除三脚架功能，将全景图底部的三脚架去除。

图4-2是造景师软件的工作过程和使用效果。

将全景图技术应用于视频，产生了360°全景视频。虽然360°全景视频并不能称之为真正的VR技术，但它能提供给用户立体感觉，是走向VR时代的必经之路。360°全景视频是以人眼为中心点，围绕上下180°、水平360°无缝衔接的视频影像，全景播放器用户可以通过点击鼠标、触摸屏幕、陀螺仪等方式实现上下、左右、放大、缩小无死角浏览视频。360°全景视频的每一帧画面都是一个 360°的全景，让用户有一种真正意义上身临其境的感觉，通过佩戴 VR 眼镜观看会有更强的沉浸感。

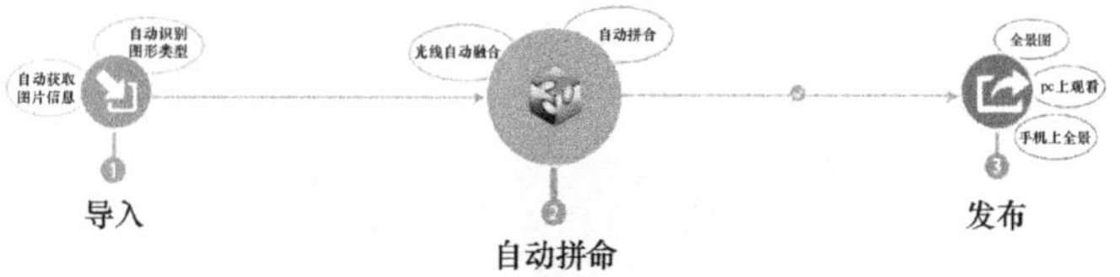

(a)

(b)

图 4-2　造景师软件的工作过程和使用效果

全景视频按照获取方式可以分为三种：实拍获取、CG 制作以及实拍结合 CG 制作。当使用实拍模式获取视频时，需要使用专门的拍摄设备，目前市场上流行一体化的 360°全景摄像机，如三星 Gear 360 和 LG360 Cam 等，采集的方式是各个相机同时拍摄不同角度的视频，后期通过专用的软件输出，或者通过专门的视频拼接软件进行同步、拼接、调整、输出，最后得到 2:1 比例的全景视频文件。实拍类型的全景视频采集后期使用的软件主要有 VideoStitch Studio 和 Autopano Video Pro 等。这些软件主要应用流程都是全景视频的捕捉、拼接、回放，能进行同步输入、白平衡、曝光平衡、视频稳定和方向控制等调节，而且可以支持几乎所有的 VR 摄像机（多镜头组装模式）。

2016 年 4 月，Facebook 发布了 Surround 360 全景相机（图 4-3），并于其后不久公布了该相机的开源代码。Surround 360 的代码可在保证图像质量、对深度和广度的准确感知、舒适的立体显示同时快速地进行视频捕捉和渲染。另外，14 个摄像头可以提供完整的 360°×180°覆盖范围，同时不会拍摄到脚架，提高了沉浸感。利用 Facebook 公布的全景相机原理和开源代码，用户可以制作自己的相机或 VR 全景内容，将大大促进 360°全景视频与虚拟现实产业生态的发展。

图 4-3　Facebook Surround 360 全景相机

（二）三维重建

随着三维激光扫描技术研究领域的不断扩大，生产扫描仪的商家也越来越多。主要的有瑞士的 Leica 公司，美国的 FARO 公司和 3D DIGITAL 公司、奥地利的 RIGEL 公司、加拿大的 OpTech 公司、法国的 MENSI 公司、中国的北京荣创兴业科技发展公司等。这些扫描仪在扫描距离、扫描精度、点间距和数量、光斑点的大小等指标有所不同，但对于三维扫描仪软件的原理基本上是一样的，都是通过获取距离影像数据（即点云）进行物体表面的三维重建，生成 3D 模型。

以 Geomagic 公司的 Geomagic Studio 为例，它是将三维扫描数据转化为高精度曲面、多边形和通用 CAD 模型的整套工具组，可与所有主要的三维扫描设备集成，提供了强大的点云、网格编辑功能和高级曲面处理能力，并保持其智能、易用的特点，可根据任何实物零部件通过扫描点点云自动生成准确的数字模型。作为自动化逆向工程软件，除了精确的三维数据处理功能外，它还整合了大量的自动化工具，如定制设备大批量生产、即定即造的生产模式以及原始零部件的自动重建，还可通过将参数模型无缝转移到若干主要 CAD 软件包的方式来简化设计过程，这些 CAD 软件包含了 CATIA、Autodesk Inventor、Pro/ENGINEER 和 SolidWorks 等主流软件。Geomagic Studio 可以作为 CAD、CAE 和 CAM 工具的完美补充，它可以输出行业标准格式，包括 STL、IGES、STEP 和 CAD 等众多文件格式。Geomagic Studio 广泛应用于汽车、航空、制造、医疗建模、艺术和考古领域，其使用流程如图 4-4 所示。

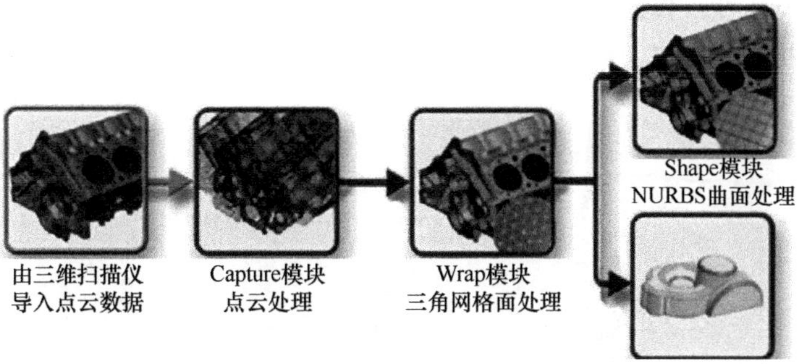

图 4-4　Geomagic Studio 使用流程

（三）人体跟踪与动作捕捉

人体跟踪与运动捕捉系统是一种用于准确测量运动物体在三维空间运动状况的高技术设备。它基于计算机图形学原理，通过排布在空间的数个视频捕捉设备，将运动物体（跟踪器）的运动状况以图像的形式记录下来，然后使用计算机对该图像数据进行处理，得到不同时间计量单位上不同物体（跟踪器）的空间坐标，目的是使三维模型真正、自然地按照人体运动规律动起来。因此，人体跟踪与动作捕捉软件的主要功能是处理系统捕捉到的原始信号、计算传感器的运动轨迹、对数据进行修正处理并与三维角色模型相结合。近年来，在影视特效和动画技术发展的同时，运动捕捉技术的稳定性、操作效率、应用弹性以及降低系统成本等得到了迅速提高。如今的运动捕捉技术可以快速记录人体的动作，进行延时分析或多次回放，通过被捕捉的信息，简单的可以生成某一时刻人体的空间位置；复杂的则可以计算出任何面部或躯干肌肉的细微变形，然后很直观地将人体的真实动作匹配到所设计的动作角色上去。

以 Vicon Tracker 为例，它是英国 VICON 公司研发的一款功能强大的目标跟踪软件，可与多种人体跟踪设备集成，所采集的数据可以整合到几乎所有的主流 3D 应用程序（如 VirTools，Labview，Jack，Open Scene Graph，WorldViz，Panda3D 和 VR Juggler）之中，如图 4-5 所示。Tracker 的技术特点如下所述。

- 快速、可靠的数据采集：Tracker 所允许的延时为 2.5 ms，仅相当于其他系统的 1/5，有效降低了沉浸环境中的反馈问题。
- 兼容性：可与多种现有的光学捕捉系统集成，如 Vicon MX3+，F-Series，T-Series 以及 Bonita 摄像头等，快速地传输流入的数据，通过创建 Vicon 虚拟系统，在无须硬件支持的情况下将原型整合到软件中。

- 灵活性：Tracker 功能强大的整合方法支持 UDP，TCP 和 VRPN Open Source 协议，所采集的数据可以整合到几乎所有的主流 3D 应用程序。

图 4-5　VICON 光学运动捕捉系统与 Vicon Tracker 的应用场景

眼动仪也是一种重要的人体跟踪设备，用于测量眼睛的注视点的位置或者眼球相对头部的运动从而实现对眼球运动的追踪。目前眼动仪软件很多，大都与相应眼动仪配套使用。以 ASL 公司的 Gaze Tracker™软件为例，它是 EYE-TRAC6 系统的配套软件，主要有功能如下所述。

- 刺激演示。研究眼睛对静止图像、视频、软件界面和现场视频输入的反应。
- 信息收集。记录 EYE-TRAC6 鼠标和键盘的全部数据。
- 数据分析及其创新可视化。轻松查看特定区域的数据和输出统计。

该软件集合了研究人员在进行网页设计和软件功能研究过程中所需要的全部功能和信息，可进行静态图像分析、网页内容分析、视频分析，并可将存储的数据传输到专门的数据分析软件中。

（四）投影拼接边缘融合

多通道投影是大型虚拟现实系统不可或缺的重要设备，其核心软件是边缘融合软件，目的是消除多个投影图像拼接中形成的重叠，改善视觉效果。目前市场上有很多投影拼接融合的软件，有的与硬件集成在一起，称为边缘融合拼接处理器，它们的使用有效地提高了信号源的处理速度、画面的清晰度、软边融合的质量，该类软件的主要功能特点如下所述。

- 校正功能：支持单像素精确几何校正，支持任意平面、曲面、球面、柱面几何校正调节，对任意屏幕图像均无撕裂、曲折等变形失真。

- 融合功能：无痕边缘融合，图像融合效果完美，支持多主机集群同步融合运行，投影阵列随意排序，通道数量不再受物理显卡口限制，支持投影异形拼接、图像旋转，投影画面可任意旋转、环形旋转叠加、空间形体表面投影、球冠和整球投影拼接等。
- 控制功能：可与任意第三方中控系统进行控制匹配；支持任意设备控制播放、调节，支持 TCP/IP 网络协议、串口协议，IOS、Android 移动设备、笔记本等局域网内远程调试融合和播放控制。
- 兼容性：兼容各种品牌、各个型号的投影机，支持 VGA/DVI/HDMI/AV 信号输出接口和各种分辨率 VGA 信号采集，60 帧/秒的实时处理能力，多路视频和 VGA 信号开窗口在大屏幕上同时显示。
- 自动色彩平衡：摄像头采集校正投影机色差，随时对投影机灯泡和更换后产生的色差进行校正，有效保证整屏画面色彩一致。
- 大视角：立体/平面/弧形/柱形/球形/360°环形屏幕显示，支持超高清分辨率输出和投影亮度倍增。

图 4-6 是拼接融合的使用场景，可用于军事指挥、科技仿真、工业监控各类高中低端会议显示系统、应急指挥监控中心、城市规划、地产展示以及环幕电影、广告展示、企事业单位产品展示、形象宣传、大型游戏等领域。

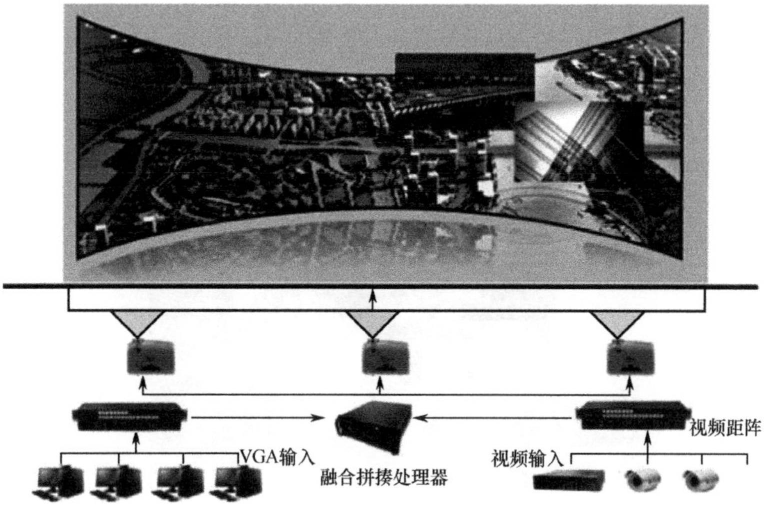

图 4-6 投影拼接边缘融合使用场景

（五）物理反馈

虚拟现实中触觉的研究与应用使人类使用计算机的方式有了重大的改变，SensAble Technologies 公司的 3D 力回馈系统（3Dforce- Feedback Systems），将触觉技术应用于虚拟现实，开发的 FreeForm 触觉软件是世界上第一套能让设计师及雕刻家在计算机上利用触觉的方式就能完成 3D 模型建构的系统。该系统可以使用户迅速地生成细节丰富、原始的模型，从而加速整个产品的开发进程。FreeForm 采用有机形状和设计，为细节丰富的快速 3D 造型提供了极大便利，它可集成于传统的 CAD 工作流，也可直接发送至原型设计和制造，从工业产品、玩具与游戏、礼品与鞋子，到消费电器、日用品，以及汽车内部设计，无不受用无穷，使设计过程变得十分方便。

Freeform Plus 版本不仅包括 Freeform 中的所有工具，还增加了模具制作和制造工具、NURBS 表面处理、实体设计工具和 CAD 零件互用，设计师不需要继续在复杂的计算机程序、数学方程式、鼠标与键盘指令、程序化的方法等阻碍下工作，系统提供了与真实世界互动的最基本方式——触觉，用户可以通过触感与模型进行直接和自然的互动。设计师可以随心所欲并且快速地创造出自己想要的复杂模型，就像雕刻黏土一样真实、生动，完全摆脱传统 3D 软件的束缚，将设计师的创意、灵感及想表达的意图完美地呈现出来，让产品设计有更大的突破。

Freeform 需要和 PHANTOM Desktop 触觉输入设备配套使用，使用场景如图 4-7 所示。

图 4-7　Freeform 和 PHANTOM Desktop 的使用场景

二、系统平台软件

系统平台软件部分是虚拟现实系统的核心部分，负责整个 VR 场景的开发、运算、生成，是虚拟现实系统最基本的物理平台，同时连接和协调整个系统其他各个子系统的工作和运转，与其共同组成一个完整的虚拟现实系统。因此，虚拟现实系统开发平台部分在任何一个虚拟现实系统中都不可或缺。

（一）三维建模

在虚拟现实系统中，营造的虚拟环境是它的核心内容，而虚拟环境的建立首先要利用三维数据将现实中的物体或场景在计算机中建立三维模型。三维模型本身是不可见的，它由网格和纹理数据组成。其中，网格是由物体的众多点云组成的，点云包括三维坐标、激光反射强度和颜色信息，最终绘制成网格。为简化渲染过程，网格通常由三角形、四边形或者其他的简单凸多边形组成。纹理既包括通常意义上物体表面的纹理，即物体表面呈现凹凸不平的沟纹，同时也包括在物体光滑表面上的彩色图案，也称纹理贴图，当把纹理按照特定的方式映射到物体表面上的时候能使物体看上去更真实。纹理映射网格赋予图像数据的技术，通过对物体的拍摄所得到的图像加工后，在各个网格上的纹理映射，最终形成三维模型。

三维模型通常使用专门的三维建模工具软件生成，目前在市场上可以看到许多优秀建模软件，其中通用的有比较知名的 3DS Max，Auto CAD，Maya 等，还有为虚拟现实、视景仿真等领域专用的建模软件，如 Multigen Creator 等，它们的共同特点是利用一些基本的几何元素，如立方体、球体等，通过一系列几何操作，如平移、旋转、拉伸及布尔运算等来构建复杂的几何场景。利用建模构建三维模型主要包括几何建模（Geometric Modeling）、行为建模（Kinematic Modeling）、物理建模（Physical Modeling）、对象特性建模（Object Behavior）以及模型切分（Model Segmentation）等，其中，几何建模的创建与描述是三维模型和虚拟场景构建的重点。

1. 3DS Max

3DS Max 是由 Autodesk 公司旗下的 Discreet 公司开发推出的三维造型与

动画制作软件。3DS Max 软件率先将以前仅能在图形工作站上运行的三维造型与动画制作软件移植到计算机硬件平台上，因此该软件一经推出就受到广大设计人员和爱好者的欢迎，获得了广泛的用户支持。3DS Max 是集建模、材料、灯光、渲染、动画、输出等于一体的全方位 3D 制作软件，它可以为创作者提供多方面的选择，满足不同的需要。

作为当前世界销量最大的一款虚拟现实建模的应用软件，与其他的同类软件相比具有以下特点。

- 简单易用、兼容性好。3DS Max 具有人性化的友好工作界面，建模制作流程简单高效，易学易用，工具丰富，并具有非常好的开放性和兼容性，因此它现在拥有最多的第三方软件开发商，具有成百上千种插件，极大地扩展了 3DS Max 的功能。
- 功能强大、快捷高效。3DS Max 软件提供了多边形建模、放样、片面建模、NURBS 建模等多种建模工具，建模方法和方式快捷、高效，其简单、直观的建模表达方法大大地丰富和简化了虚拟现实的场景构造。
- 用户众多、便于交流。3DS Max 在广告制作、建筑设计、工业设计、多媒体制作等诸多领域有着长期广泛的应用，用户数量众多，素材和教程也很多，便于用户之间的交流和学习。

目前，该软件广泛应用于电影特技、电视广告、游戏、工业造型、建筑艺术、计算机辅助教育、科学计算机可视化、军事、建筑设计、飞行模拟等各个领域，成为虚拟显示系统在三维建模的首选工具。

图 4-8 是 3DS Max 工作界面。

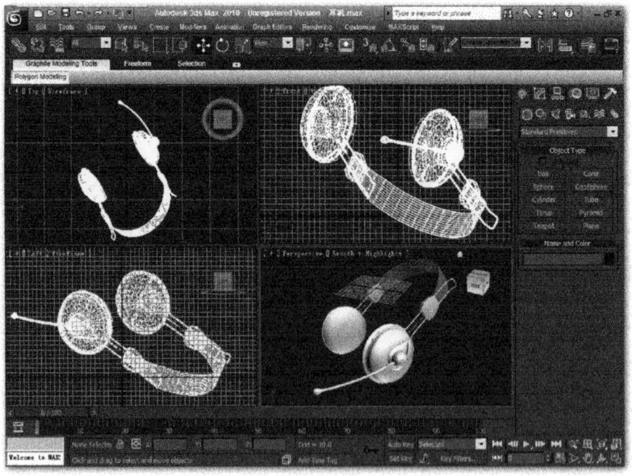

图 4-8　3DS Max 工作界面

2. Maya

Maya 是美国 Autodesk 公司出品的顶级三维动画软件，不仅包括一般三维和视觉效果制作的功能，而且支持多种先进的建模方法，可以模拟布料、毛发渲染等特殊效果。Maya 的操作界面及流程与 3DS Max 比较类似，但 Maya 是高端 3D 软件，3DS Max 是中端软件，3DS Max 的工作方向主要是面向建筑动画，建筑漫游及室内设计。Maya 软件应用主要是动画片制作、电影制作、电视栏目包装、电视广告、游戏动画制作等。相对来说，3DS Max 易学易用，在遇到一些高级要求时（如角色动画/运动学模拟）方面远不如 Maya 强大。Maya 可在 Windows NT 与 SGI IRIX 操作系统上运行，功能完善，工作灵活，易学易用，制作效率极高，渲染真实感极强，是电影级别的高端制作软件。

Maya 进行 3D 动画角色设计如图 4-9 所示。

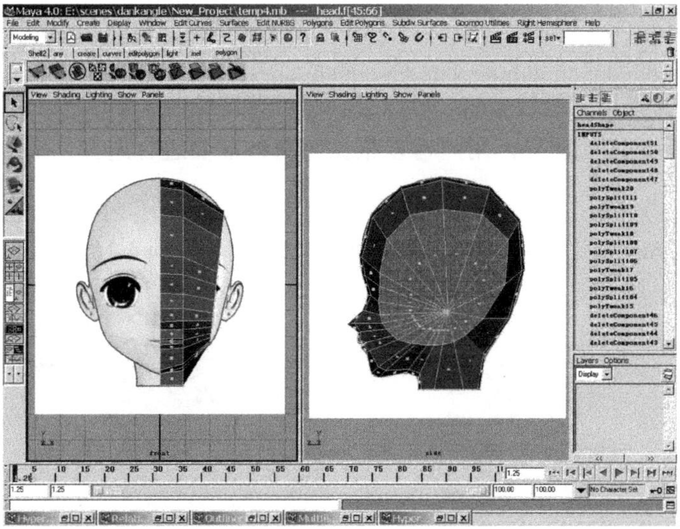

图 4-9　Maya 进行 3D 动画角色设计

3. PRO/E

Pro/E 是 Pro/Engineer 的缩写，是由美国 PTC（Parametric Technology Corporation）公司开发的 CAD/CAM/CAE 一体化的三维建模软件。它以参数化和基于特征建模的技术，提供给设计师一个革命性的方法去实现机械设计自动化。Pro/Engineer 作为当今世界机械 CAD/CAE/CAM 领域的新标准而得到业界的认可和推广，是现今主流的 CAD/CAM/CAE 软件之一，在目前的三维造型软件领域中占有着重要地位。

Pro/E 第一个提出了参数化设计的概念，对于产品而言，我们可以把它看成几何模型，而无论多么复杂的几何模型，都可以分解成有限数量的构成特征，而每一种构成特征，都可以用有限的参数完全约束，这就是参数化的基本概念。同时，Pro/E 是基于特征的实体模型化系统，工程设计人员采用具有智能特征的基于特征的功能去生成模型，如腔、壳、倒角及圆角，可以随意勾画草图，轻易改变模型，这一特性给工程设计者提供了在设计上从未有过的简易和灵活。

Pro/E 采用了单一数据库来解决特征的相关性问题。所谓单一数据库，就是工程中的资料全部来自一个库，使得每一个独立用户在为一件产品造型而工作，不管他是哪一个部门的。换言之，在整个设计过程的任何一处发生改动，都可以前后反应在整个设计过程的相关环节。例如，一旦工程详图有改变，NC（数控）工具路径也会自动更新；组装工程图如有任何变动，也完全相同地反应在整个三维模型上。这种独特的数据结构与工程设计的完整结合，使得一件产品的设计结合起来。这一优点，使得设计更优化，成品质量更高。最后，Pro/E 采用了模块方式，可以分别进行草图绘制、零件制作、装配设计、钣金设计、加工处理等，用户可以根据自身的需要进行选择，而不必安装所有模块。

基于 Pro/E 设计的直升机三维模型和渲染效果如图 4-10 所示。

图 4-10　基于 Pro/E 设计的直升机三维模型和渲染效果

4．Blender

Blender 是一个开源的跨平台全能三维动画制作软件，提供从建模、动画、材质、渲染，到音频处理、视频剪辑的一系列动画短片制作解决方案。基于 OpenGL 的图形界面在任何平台上都是一样的，而且可以通过 Python 脚本自定义，拥有方便在不同情况下使用的多种界面，支持所有主流的 Windows、Vista、Linux 等众多操作系统。

Blender 支持 3D Modeling（模型）有 Polygon Meshes、curves、NURBS、

Tex 以及 Mataballs；支持的动画有 Keyframes、Motion Curves、Morphing、Inverse Kinematics。它也提供了画图 Particle System（粒子系统）、Deformation Lattices（变形栅格）与 Skeletons（骨架），以及 3D 可以任意角度观看的视野（3D View With Animated Rotoscoping）。Blender 的动画工具包括反向动作组件、可设定骨骼、结构变形、关键影格、时间线、非线性视频编辑、顶点量重及柔化动量组件等，以及碰撞检测功能，能进行固体碰撞和复杂软体，如布料、液体、力场等碰撞的检测和解算。

基于 Blender 创作的动画角色如图 4-11 所示。

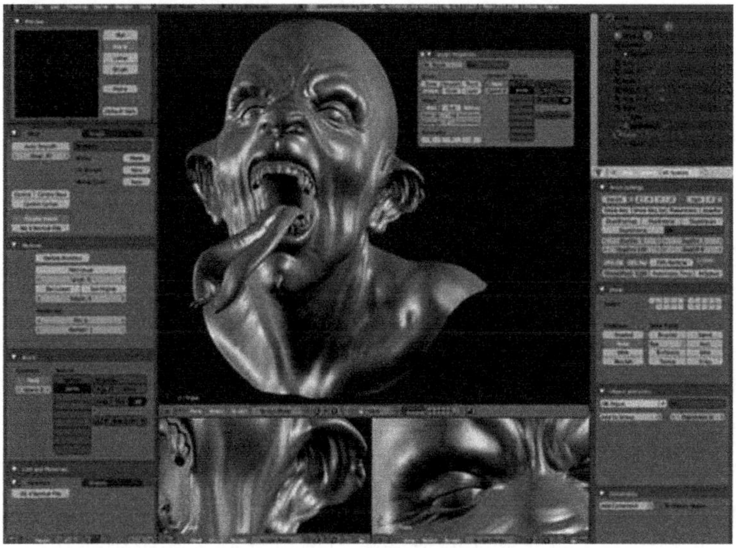

图 4-11　基于 Blender 创作的动画角色

5. Multigen Creator

Multigen Creator 系列软件由美国 Multigen-Paradigm（www. multigen.com）公司开发，它拥有针对实时应用优化的 OpenFlight 数据格式，强大的多边形建模、矢量建模、大面积地形精确生成功能，以及多种专业选项及插件，能高效、最优化地生成实时三维（RT3D）数据库，并与后续的实时仿真软件紧密结合，在视景仿真、模拟训练、城市仿真、交互式游戏及工程应用、科学可视化等实时仿真领域有着世界领先的地位，尤其是在军事模拟仿真方面得到广泛的应用。

Multigen Creator 是一个软件包，专门创建用于视景仿真的实时三维模型。Creator 使得输入、结构化、修改、创建原型和优化模型数据库更容易。不仅可用于大型的视景仿真，也可用于娱乐游戏环境的创建。

Multigen Creator 的工作界面如图 4-12 所示。

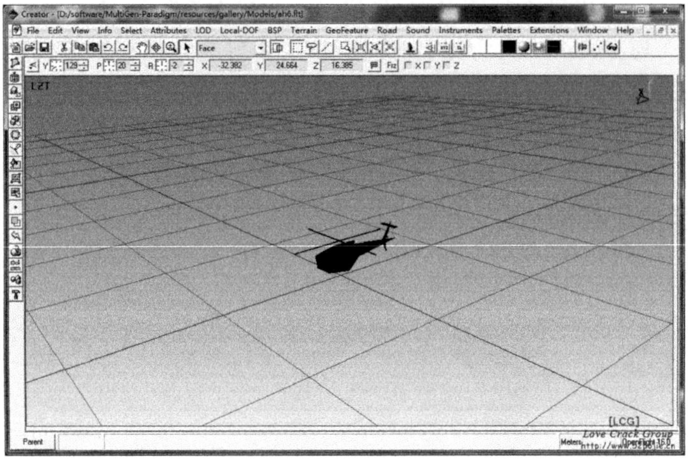

图 4-12　Multigen Creator 的工作界面

（二）VR 引擎

1. 图形渲染引擎

渲染是将三维模型绘制到屏幕上的过程。目前，三维建模技术虽然已经比较成熟，但如何实时生成真实感的图形仍然是实现虚拟现实技术的重要瓶颈。在计算机图形学中，主要存在三种渲染技术：Z 缓冲技术，光线跟踪技术和辐射度技术。这三种技术各自拥有数量庞大的具体实现方法。随着技术的发展，目前利用商业或开源的图形渲染引擎以及制作的影视特效和广告效果图已经很难被肉眼识别出与真实效果的差别。

以 TechViz 为例，TechViz 公司开发了专用 PC-IG 三维实时渲染引擎，它不针对某个应用软件，只要底层是 OPENGL 就能使用，可以提高 CAD/CAE 等软件的渲染速度，对众多的通用三维建模商业软件提供立体显示、多通道显示等功能，同时，TechViz 还支持各类 VR 设备，从而大大的提高了该系统的灵活性和使用价值。

TechViz 软件的功能实现都是通过一个名为“tvzrc”的配置文件来实现的，在里面可以定义一个 Cluster 架构中包含哪些图形节点、通道数量，以及是否支持立体、立体模式、是否支持 VR 外设等选项。在 Techviz 体系结构中，系统会分为管理节点和渲染节点。管理节点的作用主要是运行实际的应用程序，以及 Techviz 软件的管理。渲染节点主要是渲染显示终端，不需要直接的人工操作。TechViz 软件体系结构如图 4-13 所示。

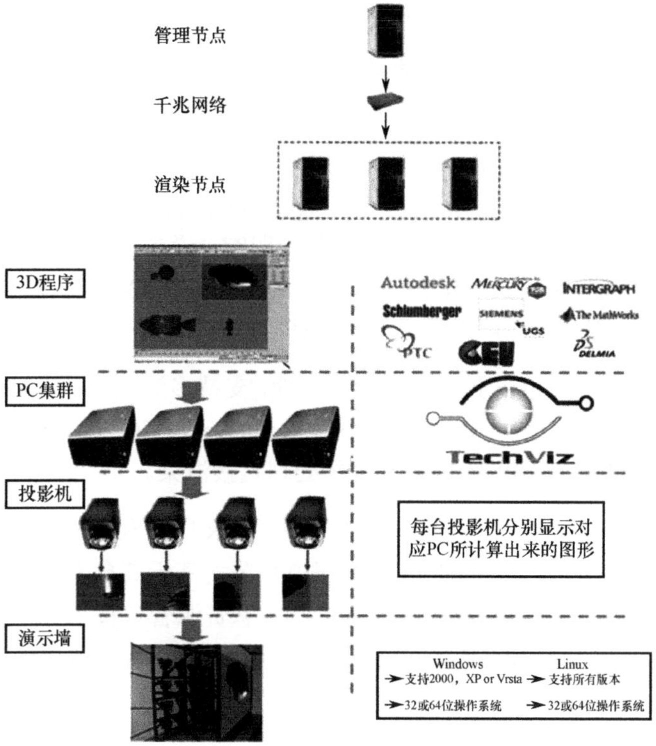

图 4-13　TechViz 软件体系结构

TechViz 的主要功能特点如下所述。

- 利用负载均衡计算提高渲染速度：为了提高系统整理的渲染速度，利用图形集群架构将大模型图形渲染工作分配到多个图形节点上（节点的数量与需要达到的帧数有关），同时通过负载均衡计算充分利用每个 GPU 的性能，根据图形节点的数量，通过计算使每个图形节点上负载的三角形面片数量基本相同，从而大大提高了图形渲染的能力。
- 立体显示：可以通过配置文件实现主动立体和被动立体显示模式，同样是基于应用软件的基本模块，通过 Techviz 便可以帮助用户实现立体的功能选项。只要应用程序是基于 OpenGL 的方式，无论是用户自己开发的应用软件或者是 CAD 软件、CAE 类的软件，都可以实现基本模块下的立体显示功能。
- 多通道功能：基于 Techviz 的配置文件，可以实现多种不同模式的多通道配置功能。如单通道、两通道或者三通道，甚至更多。同样按照显示方式的不同，又可实现平幕、弧幕、球幕、CAVE 以及数据头盔显示等。

- 融合功能：在利用图形集群渲染提升大模型渲染能力的时候，可以将多个模型导入到一个场景之中，或为多个软件生成的一个模型开多个视点，从而达成融合显示，提高系统使用效率。
- 支持多种 VR 设备：Techviz 利用开源的 VRPN 函数库，接入各种 VR 硬件设备，结合导航功能（Navigation Option）和跟踪功能（Tracking Option），可以进行视角导航、位置跟踪、设备定位等交互式操作，包括被动式/主动式显示器、显示墙、工作台、CAVE、头戴式显示器等，为不同的 3D 应用提供了沉浸式体验。
- 兼容性：Techviz 具有强大的兼容性，支持多达几十种 CAD/CAE 和虚拟现实三维模型，CATIA、Pro/E、SolidWork、UG NX、Ansys、ArcGIS、3DS Max 等，PLM 数据可不经处理直接渲染。

除了国外的商业引擎外，国内部分优秀的 VR 团队利用开源软件也开发一些真实感三维图形引擎。图 4-14 是华讯方舟公司基于其自主开发的 VR-Earth 引擎的渲染效果，通过大规模场景渲染及动态资源管理技术，提供多种近似全局光照明的解决方案，使渲染真实度大为提高，实现了可媲美影视级超真实感图形效果。

图 4-14　华讯方舟 VR-Earth 图形引擎的真实感图形渲染效果

2. 物理行为引擎

物理行为引擎简称物理引擎，简单地说就是计算3D场景中物体与场景之间、物体与角色之间、物体与物体之间的运动交互和动力学特性。物理引擎和3D图形引擎是两个截然不同的引擎，但是它们两者又有着密不可分的联系，一起创造了虚拟现实的世界。在虚拟现实世界中，人们的需求已经从观看离线渲染3D动画片的方式过渡到了使用实时渲染技术的VR交互浏览方式，这一步的迈进主要归功于3D图形引擎的发展。然而，只有图形引擎的VR模拟只是一些三角形面片的涂色显示而已，虚拟世界中的物体只具有一个外表，没有内在的实体，就像一堆幽灵彼此之间无法相互作用，用户不能与其产生具有逼真的动作交互。在物理引擎的支持下，VR场景中的模型有了实体，一个物体可以具有质量、可以受到重力、可以落在地面上、可以和别的物体发生碰撞、可以受到用户施加的推力、可以因为压力而变形、可以有液体在表面上流动……这些都极大地提高了VR系统的真实感，增强了用户的体验。

物理引擎无论在工业仿真、游戏开发、动画制作等各方面都起着重要的作用，在虚拟现实的世界中有着举足轻重的地位。然而在过去的虚拟现实发展过程中，物理引擎由于硬件限制，相对于图形引擎来说还处于一种初级阶段。随着计算机硬件的发展、CPU与GPU计算速度的大幅度提高，物理计算的比重也将会逐步加大；更是由于PPU的出现，物理计算将会具有统一的行业标准。

目前，INTEL、AMD、NVIDIA、AGEIA、HAVOK等都在竞争成为该标准的制定者，Microsoft也计划在未来的Directx版本中添加物理API，激烈的竞争将会带来的是物理引擎技术的迅猛发展。目前最新的3D游戏大作、动画大片、虚拟现实引擎无一不乏物理引擎的身影，并且物理引擎所带来的震撼效果也让观众更加重视，大家不仅想要一个可以观看的虚拟世界，还需要一个活生生的能互动的虚拟世界，而物理引擎正是这个虚拟世界生命的核心。

以目前国内市场占有率最高VRP-PHYSICS虚拟现实物理引擎为例，VRP-PHYSICS虚拟现实物理引擎模块实现高端的物理仿真功能，可实现高实时性、高精度、大规模的物理仿真，可模拟碰撞、惯性、加速度、破碎、倒塌、爆炸等物理特性。

VRP-PHYSICS虚拟现实物理引擎模块优势特点如下所述。

高效的碰撞检测算法。作为物理引擎的基础，VRP的物理引擎系统具有优秀的碰撞检测效率。在进行物理模拟之前，VRP会重新组织模型面片到计算最优化的格式，并且能存储为文件，再次模拟时无须重新计算。碰撞检测之前也经过多次过滤，如场景过滤、碰撞组过滤、动/静物体过滤、包围盒过滤、碰撞检测，最大排除了碰撞检测时的计算冗余的可能性。

- 真实地模拟刚体动力学特性：VRP 场景能够模拟真实的刚体运动，运动物体具有密度、质量、速度、加速度、旋转角速度、冲量等各种现实的物理动力学属性。在发生碰撞、摩擦、受力的运动模拟中，不同的动力学属性能得到不同的运动效果。
- 任意的运动材质：VRP 运动物体可以具有不同的运动材质（如橡皮、铁球、冰块），用户可以任意指定物体的弹性、静摩擦力、动摩擦力、空气摩擦阻尼等多种参数，达到模拟世界万物在刚体运动中具有的不同效果。
- 支持多种高速运算的碰撞替代体：除了对模型的面片进行预处理参与碰撞检测，VRP 还提供了盒形、球形、圆柱形、胶囊形、凸多面体五种在模型形状大致相同的情况下可以使用的替代碰撞体，这些碰撞体拥有高效的碰撞计算效率，大大提高物理模拟的实时性。
- 多种动力学交互手段：VRP 提供了自由的、真实的动力学交互手段：用户可以对任意物体的任意位置施加推力、扭力、冲力等；也可以对物体动态设置速度、角速度、密度等参数。
- 支持连续碰撞检测：如果某个物体运行速度过快，可能会导致该物体无法得到正确的碰撞检测，比如当一个运动速度很快的子弹穿越了一个钢板，因为运动速度过快而无法检测到碰撞的通道效应将会产生。而连续碰撞检测可以将物体每两帧之间的碰撞检测连续化，保证在运动路线中出现的物体都能参与碰撞检测。
- 大规模运动场景调度与局部优化：物理引擎和图形引擎在局部调度方面的不同是，当看不见一个物体的时候，它仍然在运动，也就说仍然在计算。当物理场景过大，运动刚体数量过多的时候，这样的计算量是庞大的。VRP 的物理引擎可以让运动稳定的物体（如静止下来的物体、匀速转动的物体、匀速运动的物体）在碰撞检测组和非碰撞检测组之间动态调度，排除了在不会产生碰撞的物体之间进行碰撞的冗余计算（比如两个静止下来的物体）。同时，VRP 还提供了脚本接口，让用户也能参与动态调整物体碰撞管理。

- 提供多种物体的运动约束连接：物理场景中的任何物体可以通过连接的方式把运动关联起来。比如，把一个门以铰链的方式安置在门框上，这样，门只能绕着铰链的轴旋转，而门受到的其他方向的力将会因为铰链传递给门框。VRP 的物理系统提供了铰链连接、球面连接、活塞连接、点在线上的连接、点在面上的连接、黏合连接、距离连接等多种连接方式来关联两个物体的运动，并且在 VRP 的物理系统中，物体的运动关联是可断的。当两个关联起来的物体受到了比较大的拆分力，运动的关联将会自动中断，就像一个门受到很大的力后，铰链断裂后门离开门框飞了出去的场景。
- 模拟场景重力、环境阻尼等环境特性：虚拟现实的优势之一是可以模拟一些难以产生的或者不存在的物理环境。比如在水下、太空、月球上的运动模拟。VRP 通过对场景的重力、环境阻尼等因素进行调节，能产生各种物理实验环境。
- 逼真的流体模拟：VRP 提供有流体的模拟，场景中的流体粒子不仅能够参与碰撞，还具有流体自己的动力学特性：粒子之间吸附力、粒子之间的排斥力、流体的流动摩擦力等，能达到逼真的流体效果，可直接应用到管道、排水系统、喷泉、泄洪等案例中去。
- 支持硬件加速：支持 GPU 加速，对于大规模运动模拟有了硬件支持。
- 支持各种碰撞事件的自定义设置和实时响应：在场景中的物体发生碰撞的时候，用户可以得到通知，用户可以自己设置感兴趣的碰撞对象，并且能对事件绑定脚本，这样可以实现在碰撞发生时能产生声音、接触发生时播放动画的效果。
- 真实的布料模拟：VRP 具有相当方便的布料模拟系统。用户可以将任何三角形网格的模型设置为布料，在模拟过程中，布料以模型顶点为基础，实时生成顶点动画，每个三角形面片都将参与碰撞检测与力反馈。在布料模拟中，不仅可以设置布料的抗弯系数，抗拉系数来模拟不同材质的布料，还能给封闭的布料充满气体形成气球。布料能轻松与用户发生交互，甚至可以在受到破坏力的时候被撕裂。
- 自由的力场模拟：能在场景中模拟刮风、水流时的现象。物体处于力场中，可以因为角度不同，受到的力大小也不同，比如在迎风站立时受到较大的风力，侧风站立时则受到较小的风力。力场所作用的范围也可以随意定制，可以让用户在出门以后受到风力场，而进屋以后却没有风，感觉家的温暖。

- 汽车等交通工具模拟：能随意构造汽车结构，可以由任意车轮来驱动、导向行驶，具有实时的碰撞检测和碰撞力度的反馈。
- 柔体模拟：实时计算模型各个面的受力生成柔体的顶点动画效果，逼真程度相当惊人。柔体能固定到任何刚体内部，也能将一个刚体固定到柔体内部充当柔体骨架；柔体和布料一样，同样具有撕裂特性，可以用来模拟一些比如器官切割等效果。

图 4-15 是 VRP-PHYSICS 实现的瀑布效果的流体物理特性模拟。

图 4-15　VRP-PHYSICS 实现瀑布效果的流体模拟

（三）开发工具

以上介绍了一些三维的建模软件，而虚拟现实则需要将建模软件获得的模型进行组织显示，并实现交互等功能，这些就不是建模软件能够实现的，需要专门的虚拟现实系统开发工具软件，如 Unity3d，Virtools，Vega Prime 等。

1. Virtools

Virtools 是一套具备丰富的互动行为模块的实时 3D 环境虚拟实境编辑软件，可以制作出许多不同用途的 3D 产品，如网络网络、计算机游戏、多媒体、建筑设计、交互式电视、教育训练、仿真与产品展示等，目前已发展到 3DVIA Virtools 5 版本。

Virtools 虚拟现实软件包含五个关键部分：以视觉化的编辑方式和流程图的思维方式进行开发应用的 Graphical User Interface（图形化使用者界面），用于执行互动式应用的 Behavior Engine（行为引擎），用于即时绘图的 Render Engine（绘图引擎），无须 C++编程即可创建低阶功能的 Virtools Scripting Language（Virtools 脚本语言），以及用于创造自定义行为模组与应用的 SDK，其功能特点如下所述。

- 结构灵活：Virtools 将 3D 物件及其相关联的行为、数据等资源都视为单独的元件，可进行制作任务的分配和重复使用。在这种灵活的结构之下，可以让开发者为物件添加模组化的行为并且轻松而高效率管理。由于物件独立于资料和脚本，开发者可以同时开发多种应用模组，Virtools 本身也提供了超过 700 余种可重复使用的行为模组文件，从而缩短了研发进程和产品上市的时间。
- 使用方便：开发者只需要在一个直觉式图形开发界面中拖曳行为模组，即可产生丰富的、具有高质量图像和互动性的应用程序。对高阶的程序开发人员而言，3DVIA Virtools 5 提供 SDK 和程序语言 VSL（Virtools Scripting Language），通过相应的 API 界面，可以创建自行定义的互动行为模组和应用程序。通过全新的 PCS（Product-Context-Scenario）方式，Virtools 5 提供使用者更便捷的整合设计、分享和体验高互动的 3D 内容。PCS 方式下采用非常直觉化的方式呈现 3D 内容，因而能使所有参与研发的专业或非专业人士都能体验到产品和环境，提供了便捷的整合沟通与分享三维体验的开发平台。
- 兼容性强：提供了强大的软硬件兼容性，整合多种 3D 软件，延伸商品设计与 3D/VR 更丰富深度的结合，工业软件的共享格式 3D XML（CATIA、DELMIA、ENOVIA、SMARTEAM、SolidWorks）与动画软件 3ds Max、Maya、XSI、Lightwave、Collada 等。可在 Microsoft Windows、AppleMacOS 系统的计算机、Microsoft Xbox 游戏机、Sony PSP 游戏控制器等计算机上播放并支持多种 VR 设备。
- 支持多用户联机开发：3DVIA Multiuser 多用户解决方案无须花费高昂的时间成本和成败风险，开发者通过专用模块固化的 TCP/IP 或者 UDP 协议，快速地在原有 Virtools 内容上建立各种网络会话机制，架构丰富多彩的互联网多人应用程序。

图 4-16 是 2010 上海世博会指定以 Virtools 的 3D 虚拟技术打造网上世博

的场景，世界各地的观众皆可通过网上世博的3D立体环境参与体验，并同网上浏览者进行即时互动。

2. Unity3D

Unity3D是由丹麦Unity公司开发的游戏开发工具，是一个全面整合的专业游戏引擎，包含整合的编辑器、跨平台发布、地形编辑、着色器、脚本、网络、物理，版本控制等特性。Unity类似于Director，Blender Game Engine，Virtools或 Torque Game Builder等利用交互的图形化开发环境为首要方式的软件，其编辑器运行在Windows 和Mac OS X下，可发布游戏至Windows、Mac、iPhone、WebGL（需要HTML5)、Windows Phone 8和Android平台。也可以利用Unity Web Player插件发布网页游戏，支持Mac和Windows的网页浏览。

图4-16 基于Virtools开发的虚拟世博会场景

Unity目前的最高发行版本为3.4版，功能特点如下所述。

- 统一的编辑器：Unity 3D一个编辑器就可以支持所有平台，包括移动平台，这个特性特别便于手机游戏开发者使用。
- 延迟渲染：在Unity 3D中最突出的就是先进的延迟照明系统。只需要一点微不足道的性能损耗，就可以在你的场景中创建几百个点光源，获取高端图像效果。
- Beast光照贴图：Unity 3D使用Beast光照贴图技术，可呈现物体的即时动态光影互动效果，当物体接近时，Unity会无缝调整光线，从而能够观察到阴影和凹凸细节。
- 镜头特效：提供了光羽、高品质景深、内部镜头反射、轮廓线和深度感知颜色校正等特效表现。

- 音频魔术：支持音场区（Reverb Zones）、过滤器和文件追踪，为主要音频参数设计了可编辑的衰减曲线，可以完全控制声音环境。
- 资源管理：Unity 3D 中的内容管理器功能可以以预览的方式显示所有内容，快速查找到所需要的资源。
- 源代码级调试器：通过使用 MonoDevelop 引入了脚本调试，无论是 Windows 系统还是 Mac 系统都可以中断游戏，逐行单步执行，设置断点和检查变量。
- 遮挡剔除：能够自动剔除遮挡的场景，从而提高性能，使得 Unity 开发的程序适于在移动设备使用。
- 内置模块：Unity 3D 内置使用了 PhysX 物理引擎、Unitree 在植被引擎等，提高开发效率。
- Unity 3D 通过插件还能实现更多更先进的功能，支持 3D 立体、多通道视频、观众为中心的视景（头部跟踪），并可以捕捉处理用户互动。这些技术给采用 Unity 平台进行虚拟现实模拟仿真项目带来了更加真实的现场体验。

图 4-17 是 Unity3D 的经典演示——热带岛屿，工期为 3 个人一周完成，主要展示了地形、水、光影效果。

图 4-17　Unity3D 制作的经典演示——热带岛屿

3. Vega Prime

Vega Prime 是 Presagis 公司开发的一种可灵活扩展的虚拟环境生成与开发

工具，用于创建及配置视景仿真、多领域仿真和通用可视化应用的视景平台。利用其跨平台性与可扩展特性，Vega Prime 成为实时 3D 应用开发与调度最佳的 COTS 类工具包。Vega Prime 能够充分满足对先进的仿真应用进行快速配置、创建和调度的需求，由于能够方便地将新代码与现有代码集成，极大提高了资源利用和可重复使用程度。Vega Prime 与 Multigen Creator 相配合，在军事仿真得到了相当广泛的应用，成为军事仿真首选的解决方案。

Vega Prime 开发环境提供了灵活的 GUI 图形配置工具，众多的功能强大的应用模块，如环境效果、运动模型、坐标系、虚拟纹理和轨迹/路径工具等，大大提高了进行实时 3D 应用的创建与配置速度。同时，Vega Prime 构造允许用户根据应用的复杂程度创建定制的开发模块或扩展功能。

Vega Prime 的核心模块如下所述。

- LynX Prime 用户接口：支持应用原型快速创建与修改，在工作过程中即可对结果进行观察。
- 跨平台 API：支持在不同的平台进行应用配置、开发与调度，且不需要修改代码。
- 虚拟纹理：支持对超高分辨率图像渲染，且不造成性能损耗。
- 关联视景和传感器显示：支持关联相关的视景和传感器显示应用。
- 模块化环境：支持在 Vega Prime 环境下添加必要的特征组件或创建定制功能。
- XML 数据交换格式：兼容多种应用数据框架结构。

Vega Prime 的增强模块如下所述。

- Vega Prime Marine（海洋）：Vega Prime Marine 为在实时 3D 仿真应用中创建极具真实感的海洋、湖泊、海岸线水流表面提供理想的解决方案。该选项能够方便地在任何 Vega Prime 应用中添加动态真实的水流表面效果。
- Vega Prime Camera（相机）：Vega Prime Camera 模块能够模拟用于任何类型的监视工具或闭路电视系统视频或光学设备的彩色或黑白效果。支持全套效果，Vega Prime Camera 为本土安全、操纵仿真、UAV/UGV、安全演练、突发事件响应等多种应用提供理想的工具。各种效果能通过 LynX Prime GUI 接口或 Vega Prime API 进行组合，并简单添加到任何 Vega Prime 场景中，提供现有的最多种类的镜头特效。

- Vega Prime LADBM（大范围地景数据库管理）：该模块专为应用大规模和复杂的地景数据库创建与调度提供跨平台、扩展性良好的开发环境。高性能的 Vega Prime LADBM 模块能够在动态页面调用和用户自定义页面调用时确保大规模数据库装载与组织的最优化。Vega Prime LADBM 提供最佳的渲染性能，充分满足定制与扩展性需求，最大化利用现有资源。基于其 MetaFlight XML 文件规格和数据库格式，Vega Prime LADBM 确保大规模数据库组成和关联以一种最有效的新型方式进行通信。MetaFlight 文件的分级式数据结构确保运行时场景图像得到最佳性能。

- Vega Prime FX：Vega Prime FX 模块为实时 3D 应用中大量特殊效果的仿真提供跨平台且扩展性良好的开发环境。所有的效果都能够采用 LynX Prime GUI 配置工具或直接通过 API 进行访问、修改，并添加到具体应用中。同时，采用 Vega Prime FX，只需要对某些视觉属性进行预定义或调整，就能够定制场景中效果的显示、时间、触发以及性能特征。Vega Prime FX 提供可完全定制和升级的粒子系统，使用户能够极其方便地进行粒子特效的定制和构建。配置属性包括速度、重力、颗粒大小和颗粒生命周期。除了可创建定制的特殊效果外，用户还能够直接访问任意 Vega Prime 应用中的预定义和优化效果。并且，联合 GUI 配置工具，如向导工具和先进的 API 功能，能为简单快速地创建和展开实时 3D 应用提供理想的特殊效果。

- Vega Prime Distributed Rendering（分布式渲染）：该模块是实现完全同步的多通道应用开发和调度的理想工具，能够在多台图形节点上进行连续一致的渲染。利用 Vega Prime Distributed Rendering 提供的优化渲染性能，主机系统和客户端系统以同一种配置进行互连。直观的接口结构充分满足跨平台实时 3D 应用的开发与调度需求。通常，分布式渲染可以满足多通道连续或非连续显示的应用。任何 Vega Prime 应用均能够通过在图形界面简单添加一些设置进行分布式渲染。Vega Prime Distributed Rendering 模块包括能够通过局域网对多通道应用进行简单设置和配置的工具。因此，用户能够利用一个 GUI 接口使多通道应用高效运行，允许在适当的硬件上对应用进行设置、测试、处理和配置。

- Vega Prime LightLobes（光照明）：该模块为 Vega Prime 应用提供极具

真实感的照明效果。能够创建真实的场景照明且避免产生错误的贴图效果，且支持实时帧率下的大量移动光源模拟和用户自定义光照类型，Vega Prime LightLobes 模块为照明光源的观察应用提供理想解决方案。如飞机驾驶员，照明程度根据光源与地面距离的扩大而减退，或根据地面与观察者的距离变化。这项创新的技术使用户能够在一个应用中使用大量的移动光源，并通过优化绘制时间以实现最佳表现性能。

4．GL Studio 虚拟仪表开发工具

GL Studio 是美国 DiSTI 公司的旗舰产品，它是一个独立平台的快速原型工具，用来创建实时的、照片级别的、可交互的仪表图形界面，用于原型设计（侧重考虑人机工程因素，用于产品的原型设计与验证）、使用训练 （各种与人机接口相关的培训，既可用于操作训练，又可用于维护训练）、课件制作（用于本地教学和远程教育）、嵌入式应用（应用于真实的设备中）。GL Studio 中有代码生成器模块，所生成的 C++和 Opengl 源代码可以单独运行，也可以嵌入其他应用之中。

GL Stduio 的功能特点如下所述。

- 重用性强：GL Studio 是世界上第一个采用面向对象方法的人机接口开发工具包，其生成的 HMI 支持对象重用，任何设计的对象或者由对象组成的新的对象都可以作为一个新的重用对象。也就是说，GL Studio 开发的 HMI 都是可重用的软件对象（Reusable Software Object，RSO）。
- 同时支持虚拟和实际的 3D 仪表：GL Studio 不仅支持 3D 仪表而且支持场景中的 3D 仪表显示，可以导入 3D 模型，把 HMI 布置在 3D 模型上，实现场景中的三维仪表显示。它直接支持的 3D 模型有 3D Studio MAX ASE、Designers Workbench DWB、Alias/Wavefront OBJ、OpenFlight FLT 等。GL Studio 生成的 3D 仪表既可以用于仿真，又可以用于实际装备，应用开发流程如图 4-18 所示。
- 开放式对外接口：GL Studio 是完善的 HMI 开发工具，因此其不仅提供了 HMI 开发平台，而且提供了开放的对外接口。它可以通过 CORBA、DIS、HLA、Shared Memory、SCRAMNet®、TCP/IP or UDP/IP、RS232/422 等协议读取外界数据。可以与众多第三方软件集成在一起，例如，Vega Prime、EPX、MAK Stealth、Open Scene Graph、Delta 3D、pC-NOVA、V-Tree、X-Plane、MatLab、PowerPoint、MFC、KineMap、BlueRidge Radar、MapLink、Harris Moving Map、I-Log、

ToolBook、FLTK and QT 等。

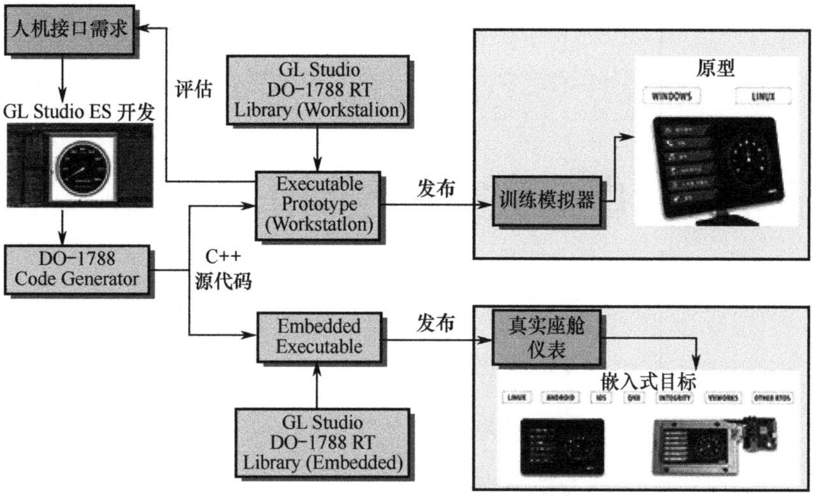

图 4-18　GL Studio 应用开发流程

- 代码生成器：GL Studio 代码生成器已经内嵌到 GL Studio 编辑器中，它允许程序员将 GL Studio 编辑器绘制的图形转换为 C++、Java。程序员有了图像的源代码后，很容易进行定制和为目标平台进行优化。尤其在性能为决定性因素的情况下，经过编译的 C++程序总能有最好的效率，GL Studio 生成的完美优化的遵循 OpenGL 标准的源代码优势非常明显。代码生成器能提取 GL Studio 编辑器中的对象组，并生成定制的程序组件。这些组件能加到组件调色板中，开发者可以方便地将它们拖放到设计对象中。例如，一个 ADI（Attitude Direction Indicator）以组件方式被创建后，将来任何需要 ADI 的时候都可以通过简单的拖放将其加到设计对象中。

第五堂课　虚拟现实内容制作

一、VR 视频

二、VR 游戏

三、VR 直播

第四节课介绍的虚拟现实软件是面向开发者的，随着时代与技术的发展，虚拟现实逐步从实验室研发向大众商业消费和日常生活过渡，面向普通用户的 VR 内容成为突破虚拟现实发展瓶颈的重要抓手。一般说来，VR 内容主要分为 VR 视频、VR 游戏和 VR 行业应用三大块。

一、VR 视频

（一）基本概念

相比于其他内容，VR 视频拥有更为庞大的群众基础，也是相对来说门槛较低的 VR 体验方式。VR 视频按表现形式分为 3D 效果视频，360°全景视频，全景交互视频。其中，3D 效果视频是将现有视频转码处理生成 3D 效果，由于技术门槛低，内容生成快，目前是 VR 显示设备上影视内容最主要的模式，能达到影院 3D 电影的效果；360°全景视频通过全景拍摄以及图像拼接生成，在 PC 上用户通过鼠标拖动画面可 360°任意观看画面，在移动设备上一般通过陀螺仪，画面根据用户视角的改变而改变，是目前 VR 视频的主要展现形式；全景交互视频是真正的 VR 视频，兼备沉浸感和交互性，但目前技术和拍摄手法尚不成熟，因此作品少且短小，但在未来将是最主要的形式。

三者的概念和区别如表 5-1 所示。

从内容上说，VR 视频可分为短视频类（1~5min）、影视级大 IP（知识产权作品）和 VR 直播类视频，其中短视频分为用入门级全景摄像机拍摄及发烧级全景摄像机拍摄，主要用于用户原创内容（UserGenerated Content，UGC），即个人可以拿着几千块钱的全景摄像机自行拍摄，这类是最优先量产的，也是比较便宜的；影视级别的大 IP 主要是采用全景摄像机制作专业生产内容（Professional Generated Content，PGC）的视频。由于 VR 直播是虚拟现实与直播的结合，需要采用 360°全景的拍摄设备捕捉超清晰、多角度的画面，同时每一帧画面都是一个 360°的全景，观看者能选择上下左右任意角度，体验更逼真的沉浸感，目前仍然存在拼接、播放以及传输等一些技术难点。

表 5-1　VR 视频概念和区别

	3D 效果视频	360°全景视频	全景交互视频
简介	主要给用户创造一个虚拟的电影院环境，让用户通过头显得到一种在影院看 3D 电影的效果	通过全景拍摄和后期拼接还原一个 360°的场景，用户视角的改变会伴随画面的变化	真正意义的 VR 视频，观众沉浸感强，能主动参与，可以自己选择跟着哪个人物的视角发展故事
技术难点	门槛较低，将现有影视内容进行转码，生成 3D 效果	通过全景相机拍摄后的图像拼接算法	导演只能在场外指导；连贯性演绎，减少镜头切换，对演员要求高；制片人难以把握好基本的讲故事套路，难以让观众集中于主线剧情
劣势	画面角度有限，沉浸感不强	无法交互，缺少互动性，观众参与感不强	制作时间长，成本高
流行度	内容能相对快速地生成，目前的 VR 影院播放器（如火焰工坊、有梦影院）的影视资源基本采用该模式	目前乐视、优酷等视频网站的 VR 频道内容大多采用该模式，2016 年全景视频将会快速增长	目前拍摄制作方式仍在探索阶段，短期内难以产生成熟的内容，成为主流仍需时间

（二）制作过程

VR 视频制作场景的呈现分为实景拍摄与 3D 建模两种方式，3D 建模场景制作又包含了可以在 VR 里行走和不能在 VR 里行走两种情况。但无论是哪种方式，都需要设计师、程序员、拍摄团队和后期制作团队合作来一起完成。

1. 实景拍摄制作流程

- 策划：根据制作需求，设计师思考场景内容、场景切换路径、界面里的文案交互逻辑，输出策划文档。
- 拍摄：摄制团队在实景进行视频或全景拍摄，输出全景视频或全景图。
- 拼接：设计师进行视频剪辑或全景图拼接及后期处理，输出全景视频或全景图。
- 交互：设计师和程序员设计并实现交互逻辑，输出可交互的 VR 内容。
- 测试：程序员和设计师进入 VR 场景进行逻辑测试并不断完善内容。
- 发布：内容包装与线上分发。

2. 3D 建模场景制作的工作流程

- 策划：根据制作需求，设计师思考场景内容、场景切换路径、界面里的文案交互逻辑，输出策划文档和场景示意图。
- 建模：3D 模型师根据场景示意图进行建模，输出 3D 模型。
- 交互：设计师和程序员设计并实现交互逻辑。
- 渲染：需要在 VR 里行走，进行实时渲染。不需要在 VR 里行走，渲染成更轻量的 360°全景图。
- 测试：程序员和设计师进入 VR 场景进行逻辑测试并不断完善内容。
- 发布：内容包装与线上分发。

（三）发展状况

目前，国外 VR 视频多以硬件厂商的 Demo 为主，内容集中于 Oculus 和 Google Cardboard 两个硬件平台，Youtube 也增加了 VR 分发频道，另外部分大制作电影也会发布短小的 VR 电影预告片。国内 VR 影视制作公司主要为新兴的创业公司，上市公司以及互联网巨头更多是以平台方的身份寻求内容合作。国内在 VR 视频制作较为领先的是追光动画和兰亭数字，追光动画推出了国内第一支完整的 VR 动画故事短片《再见，表情》和《小门神》的 VR 预告片，兰亭数字拍摄了中国第一部 VR 影片《活到最后》。在内容分发平台方面，暴风影音、优酷土豆、腾讯视频、爱奇艺、乐视云视频等主要视频网站均已上线 VR 频道，但尚不足以满足 VR 电影级内容播放效果。图 5-1 是兰亭数字出品的中国首部 VR 电影《活到最后》的海报。

图 5-1　《活到最后》的海报

电影级的 VR 视频内容是未来 VR 视频发展方向，但目前暂时无法形成规模，主要原因如下所述。

1．拍摄制作技术难度大

- 视差问题：目前的 360°全景拍摄基本采用多镜头同时拍摄以及后期拼接的方案。当两个镜头捕捉到同一物体时会产生相对差距，后期借助拼接软件可以进行一定程度的拼接合成，但仍然无法完全避免视差问题，由此会给观众带来眩晕感，影响观感体验。
- 拍摄问题：所有工作人员隐蔽好之后，导演通过遥控器控制 *N* 个摄像机同时开机关机，一旦这些机器开关机时间不同步或者某台机器电量耗光，都会带来很大的麻烦。
- 传输问题：增加摄像机的数量能够减小视差，但是数据储存、传输所需空间增大，加之影片素材还需要做到双备份或三备份，更是增加了素材存储和传输难度。
- 后期制作问题：VR 电影后期编辑工作也很困难，目前的 VR 视频编辑软件还处于初级阶段，缝合视频中的每一帧都至少需要处理 6 个平面，涉及特效渲染等后期处理，PC 端的需求配置将呈幂次增长。

2．艺术创作难度大

VR 电影的叙事方式和传统电影不同，360°全景呈现使得其主要采取一镜到底的拍摄方式，传统电影津津乐道的各式蒙太奇手法很难发挥作用。去中心化的散点叙事方法让观众乐在其中，却难以有效地引导观众看导演希望他们看的内容。目前常用的方法是通过音响刺激或强行转换镜头，但这样的做法降低了电影的沉浸感，剥夺了观众的部分观影自主权，只能算是从传统电影向真正 VR 电影的过渡阶段。因此，怎样尽快找到适合虚拟现实电影的叙事方式，把故事讲好、讲活，是需要要解决的新问题。

另外，VR 电影的编剧方式也和传统电影不同。如果说传统电影剧本只需要写出一个故事，VR 电影则需要创造一个世界。VR 电影必须设置足够丰富的情节走向，原则上应该达到有多少人物就应该有多少条线索，即使达不到这么高的水准，也要设置足够丰富的分剧情，给观众一定的观看自主选择权。此外，随着 VR 设备交互技术的演进，今后的 VR 电影允许观众参与到情节中，甚至与人物产生互动，进而影响故事的发展走向和结局，这就对编剧提出了更高的要求。

3. 拍摄成本昂贵

由于 VR 影视作品拍摄时需要多个镜头拼接录制，对摄像机像素要求也较高，同时运动内容拍摄时，为了实现平稳运动以减少眩晕，需要使用辅助器械，因此 VR 影视的设备器材成本远高于普通影视作品。同时，素材的传输与存储成本、后期处理软件成本以及播放器材测试的成本都不可小视，这些是成为 VR 影视成本高昂的原因。以国产 VR 短片《活到最后》为例，片长 12min，成本近百万元，平均每分钟近 10 万元。国外出品的 VR 短片更是动辄上千万美元。福克斯为电影《走出荒野》打造的虚拟现实预告片，仅 3min 就耗费了 17 万美元。巨额成本是大多数创业型公司或中小型企业很难负担得起的，阻碍了 VR 影片的大规模生产。

但是，即使有这样那样的困难，VR 视频作为一种新生事物，以其超强的渲染感吸引着用户，随着技术发展，成本会逐步降低，新的叙事引擎会不断出现，在不久的将来一定会进入爆发高峰。

二、VR 游戏

（一）基本概念

虚拟现实游戏，英文名“Virtual Reality Game”，可以理解为“VR+游戏”，是指可以通过虚拟现实技术将玩家置身于一个沉浸式的虚拟世界，从而提高用户体验的游戏。就游戏本身的发展来说，从最早的文字 MUD 游戏到 2D 游戏，再到 3D 游戏，随着画面和技术的进步，游戏的拟真度和带入感越来越强。但因为技术等方面的限制，目前仍无法让玩家在游戏时脱离置身事外的感受。虚拟现实技术的发展，为增强游戏的体验性带来了曙光，它不仅使游戏更具逼真，也更能让玩家沉浸其中。只要打开计算机，带上虚拟现实头盔，就可以进入可交互的虚拟现场场景之中，不仅可以虚拟当前场景，也可以虚拟过去和未来。因此尽管面临诸多技术难题，虚拟现实技术在竞争激烈的游戏市场中仍然得到了重视和应用，同时游戏对于虚拟现实技术的发展也起到了巨大的需求牵引作用，催生了专为游戏而生的虚拟现实设备的出现。

VR 游戏包括手机、主机游戏和 PC 三种，而核心玩家将会是 VR 游戏的主要体验者，其中基于手机的游戏制作门槛较低，满足用户碎片化时间需求，受众面广，但是沉浸感较差；游戏主机包括 Xbox、PlayStation、Wii、PS 等；主机和 PC 的 VR 游戏对于性能要求较高，但价格因此更高。

因为与其他行业的单纯模拟不同，电子游戏中往往需要构建的是完整的宏观世界，对于技术方面的要求更高，因此，VR 游戏在游戏画面输出、操控方式上都与传统游戏有着巨大的差别，而且 VR 游戏的用户对游戏画质、游戏深度和游戏交互性的追求要高于普通游戏用户，因此，对于开发者来说最大的挑战在于策划，即如何利用 VR 的特点制作三维世界中有趣的游戏体验。此外，优化环节也是 VR 游戏的重点。传统游戏只要保证 25f/s 就能流畅运行，但 VR 游戏要求更高的帧频才能确保内容不受延迟的影响，这对技术人员来说是一项严峻的挑战。

（二）制作过程

1. 前期准备

根据用户的目标和市场需求确定游戏的内容。在准备的过程中，应当着重考虑沉浸感、全景环境的运用、基于相应操作设备的交互。

- 沉浸感：VR 技术最大的特点就是能让玩家彻底沉浸到游戏当中，这是其他平台无法做到的。而沉浸感的营造并不简单，主要体现在美术和音效上，通过更逼真的材质、环境气氛、光影效果和相应的配乐、音效来对沉浸感进行强化。
- 全景环境的运用：传统游戏一般基于平面 2D 屏幕展现，其画面区域相对固定；VR 游戏的画面则是整个 360°环境。基于这一特点，飞行类、探索类、体育类等类型的游戏可以得到前所未有的展现。
- 基于相应操作设备的交互：目前，VR 的操作设备没有统一标准，厂商各行其是，手柄、键盘鼠标、操作杆、触摸板等同时存在于市场中。开发者在制作内容时，需要先选定内容平台，再根据该平台的操作设备策划内容。

总结来看，VR 游戏的制作不同于手游、页游和端游，想要在内容层面获得突破，交互体验上的创新尤为重要。任何新平台的出现在游戏内容质量上都存在一个循序渐进的过程，开发者需要了解硬件平台的性能与可实现的交互方式，然后创意部分会逐渐产生。

2. 策划

搭建游戏框架，确定游戏角色、游戏进程和与交互规则。

3. 设计

设计角色与场景的 3D 模型，选择确定游戏引擎，编写代码实现游戏的界面与交互。

目前，除前面叙述的 Unity3D，还有很多游戏引擎可供选择。

- Unreal Engine 虚幻引擎：UE 是 UN 最大的竞争对手，目前发展到 UE4 版本，它是由游戏开发者制作并供游戏开发者使用的一整套游戏开发工具。支持各种主流操作系统，提供了“所见即所得”的编辑器、物理引擎以及多用户开发模式，它的自定义光照、着色、视觉特效以及过程动画等功能可产生令人瞩目的视觉效果，图 5-2 是 UE4 在 2016 年制作的宣传片的效果。

图 5-2　2016 年 UE4 制作的宣传片场景

- Quest3D：Quest3D 是一个有效的实时 3D 建构工具。比起其他的可视化的建构工具，如网页、动画、图形编辑工具来说，Quest3D 能在实时编辑环境中与对象互动。虽然也包含逻辑处理，相比之下更侧重于建筑领域，可以提供设计人员快速搭建虚拟建筑模型的能力。

- GameWorksVR：GameWorks VR 是 NVIDIA（英伟达公司）专门为它们的显卡和 GPU 设计的虚拟现实软件开发工具包，提供了多重着色、双显卡/多显卡配置、优先度调控、前端缓冲生成等功能，尤其是 Direct 模式，可以直接识别 VR 头戴设备和进行热插拔，开发者可以用这一款芯片级的开发工作挑战 VR 领域的极限，制造惊奇的游戏体验。

4．编写代码完成系统并反复测试

目前，VR 游戏在技术上最大的问题就是玩家在体验过程中会出现眩晕等身体上的不适。因为通常虚拟现实游戏中玩家都以第一人称视角移动，因此很可能会产生程度不同的眩晕反应，这与人体适应力和的配置相关，但更主要的原因还是虚拟现实设备本身存在的运动追踪问题。当人在移动头部时，设备需要及时检测到头部的动作并且响应调整显示角度才能带给人真实的临场感觉。目前的设备大多通过运动追踪感应器来实现这一功能，但使用过程中还是会出现有时画面跟不上头部动作的情况，会给玩家带来明显的眩晕和不适。不过实时追踪的确是虚拟现实中非常难处理的问题，由于技术的限制目前仍无法百分百解决，因此还需要不断创新和研究，以发现更好的解决办法，以下方法在测试中可以参考。

- 减少“相对运动错觉”：设想一下在一列火车上，望窗外，看见列车渐渐离站。当列车开始移动的时候，你大脑中会形成一种错觉，好像是在反方向移动，这种错觉被称之为“Vection”。当看到移动的那一部分，“相对运动错觉”也就产生了，而这种“相对运动错觉”就是导致 VR 晕动症的罪魁之一。减少“相对运动错觉”的方法有几个小技巧，比如，减少场景中材质纹理的复杂性，或者玩家可降低运动速度等。

- 尽量避免加速：我们的内耳可以检测到不同速度的变化，当然加速也不例外，但是内耳无法检测匀速。尽量让玩家在一条直线上匀速前行，可以使眩晕感大大减低。

- 避免纵轴运动：YAW 指的是沿着纵轴运动。YAW 同样也是导致 VR 晕动症的罪魁之一。纵轴控制运动被称为“虚拟现实的毒药”，也是各大开发商唯恐避之不及的东西。这可能会导致游戏设计的约束，因为玩家在体验中需要转椅，需要站立，如果加入绳索会使之更为复杂。需要沿水平轴运动，不能有跳跃运动，虽然这样会大大降低沉浸感，但可有效避免 VR 晕动症。

- 加入静态参照物帧：加入静态参照物帧如平视显示器可有效减少晕动

症的产生，在某些情况下还能增加沉浸感。

- 增加游戏界面刷新帧率：VR 设备帧间延迟跟不上人的运动，当人已经做到了相应的动作画面还没有刷新出来，会有微小的延迟感，当感官与帧率不同步会产生眩晕感。如果设备对画面的刷新帧率能够到达较高的水平（60Hz 等），那么玩家在移动头部以及游戏画面自身移动的时候，画面的延迟就会降低很多，以至于玩家几乎不能发现，这样就有效减少眩晕感。
- 适当减少 FOV：VR 影片在空间里有剧烈变化的影像容易引起使用者的眩晕感。同时，这些变化总会吸引使用者的注意力，此时，边缘处的图像会被忽略，此刻缩小视野，对使用者的体验来讲，影响并不大。所以游戏在画面运动的时候可以适当减少玩家的视野范围，在画面静止的时候将视野范围恢复。这样的方法也会在某种程度上降低玩家的眩晕感。

5. 在内容平台上进行线上发布或进行线下体验

在进行线上发布的同时，由于中国特殊的国情，发展起来了极具中国特色的线下体验方式。线下体验能够提供多种配套外接设备来提升用户的 VR 游戏体验；同时可以为群体提供互动的游戏形式，适合多人进行并有助提升游戏参与度。线下体验店消费形式属于按次付费，费率较低，更加符合当前游戏玩家付费习惯。目前，流行于市场的线下体验方式如下所述。

- 网吧+VR：利用网吧的游戏级 PC 硬件优势和运营模式，引入高端 VR 头显，提供 VR 游戏互动体验，拥有场地优势和消费人群，未来具有经营上的可持续性。
- VR 体验店：高端 VR 头显及配套外接设备可以为用户提供多种形式的 VR 游戏体验并实现多人互动，随着 VR 游戏内容的不断丰富，体验店可以让客户低价多次体验高质量 VR 游戏内容。
- 商城、影院 VR 体验设备：针对具有好奇心和尝试意愿的年轻群体，但客户黏性和复购率相对较低，随着 VR 设备的普及，体验人次将会逐步降低。图 5-3 是国内大型商场和娱乐设施流行的 9DVR 设备。
- VR 主题公园：基于大面积场馆优势，主题公园可以为团体活动、家庭娱乐提供新的场所，相对于传统主题公园，此类场所建设周期短，更换娱乐内容容易。

图 5-3　9DVR 设备

（三）发展状况

除了前面提到的眩晕症以外，VR 游戏的发展还遇到许多问题。

1．成本高昂

任何新兴技术从实验室走入千家万户往往需要经历“痛苦”的商业化过程。当前 VR 游戏主机、头显、配套 PC、高质 VR 游戏等硬件设施属于高额的一次性投资，不符合国内游戏群体消费习惯。因此个人购买 VR 高质量头显和配套软硬件的玩家仍属少数。移动 VR 方面，目前国产 VR 眼镜盒子与主流国产手机的组合能将成本压到极低，但用户体验却很差。手机本身的陀螺仪很难满足 VR 的需求，尤其是性能本身就比较差的低端智能机，需要在眼镜上加陀螺仪，并且技术上要与底层硬件深度适配；但这样做不仅技术难度大大提升，成本也会上涨，大多数国内厂商都很难做到。

2．标准缺乏

如同大多数新兴行业一样，VR 产业目前还没有统一的标准，首先是硬件，相研发门槛高、发展更成熟的 PC 端头盔，成本低廉、门槛更低的移动 VR 硬件市场标准混乱现象更加明显。目前，用户手中的智能手机屏幕大小各式各样，但 VR 眼镜的光学是固定的，虽然目前大部分国产 VR 眼镜都宣称自己适配多个尺寸的手机，但实际放入不同尺寸的手机后，可视角度从 60°到 90°不等，体验无法统一。

此外，手机本身的性能也有很大影响，高配置的手机陀螺仪精准、运行

VR 软件没有延迟，但低端的手机体验就会差很多。其次是输入方式和外设品类标准混乱。目前 VR 的输入方式完全没有标准，各厂商各行其是，传统输入方式（鼠标、键盘、电容屏触摸）、遥控器、手柄、体感设备、跑步机、座椅、方向盘、麦克风等，每种操控方式又有多家厂商产品。但是如此多样的设备却缺乏统一的标准，甚至类似于三星 Gear 这样拥有独特输入方式的设备，适配它的游戏想要移植到其他设备上，操作模式都要进行优化或者改变，这也增加了内容厂商的成本。正是因为统一标准的缺失，使得适配多版本的优秀内容开发成本很高。

3. 人才紧缺

人力资源正在成为制约 VR 产业发展的重要瓶颈。目前大多数擅长 VR 游戏优化的人才都集中在国外的大厂，国内人才十分紧缺。制作 VR 游戏的各个环节都需要耗费不小的时间和成本，很多创业团队无法承担，最终造成了目前国内 VR 游戏普遍质量一般的结果。就内容制作层面来说，做优化工作的人才便十分紧缺。VR 游戏的优化主要在两个层面：第一是美术，针对多边形的数量、材质、粒子特效、光影效果等方面的优化，可能使画面更逼真，给用户更好的沉浸体验；第二是程序，优化过后的游戏内容可以使用最简单的编程语言达到同样的效果，降低硬件的计算量，进而改善延迟和卡顿。

虽然 VR 游戏的发展看起来有很多问题，但是，随着技术的发展、设备的普及、用户习惯的养成和行业环境的变革，目前所面临的问题都会解决。从虚拟现实技术的发展看，VR 游戏代表了未来的发展趋势。虚拟现实不仅仅是一种技术，更构建出了未来游戏的全新图景。它赋予游戏玩家更身临其境的带入感，使得游戏从平面真正走向立体。一旦这种技术发展成熟，游戏行业将彻底改变，原本处于二维空间的电子游戏就会彻底被抛弃，单纯依靠键盘或手柄操作的游戏模式则会永久成为历史，取而代之的是能够为玩家带来真实体验的 VR 游戏。

三、VR 直播

1. 基本概念

VR 直播是虚拟现实与直播的结合。与现在流行的直播平台不同的是，VR

直播对设备的要求较高，普通的手机摄像头和 PC 摄像头显然难以满足要求，需要采用 360°全景的拍摄设备，以捕捉超清晰、多角度的画面，每一帧画面都是一个 360°的全景，观看者还能选择上下左右任意角度，体验更逼真的沉浸感。

相比影视，直播更有可能成为 VR 内容的突破口。主要有以下几个因素：

- 直播内容的制作门槛偏低。技术要求相对较低，有全景视频制作能力的团队都可以参与。使用 180°的全景视频就可以享受到现场 VIP 座的体验。
- 用户对于直播的需求更显性。VR 内容具有较强现场感和沉浸感，能够到现场的观众只是很少一部分，大量想去却无法去到现场的观众将很容易被转化为 VR 直播的用户。
- 粉丝效应带动消费意愿。VR 直播以演唱会、体育赛事、综艺节目等内容形态为主。这些内容大多是围绕明星的，而明星则有着强大的粉丝群，对应着的就是强大的消费意愿。
- 不需要像影视那样考虑表达手法。直播的焦点在场上的明星，会自然吸引观众的注意力，而不需要像影视那样考虑如何引导观众。

2. 制作过程

VR 直播的流程是：全景相机－拼接合成服务器－编码上传－点播机房分发－用户收看。具体来说，全景相机采集视频数据后通过计算机或者工作站进行实时拼接，再经过编码推到机房进行分发，最后是用户通过 VR 头盔+手机/计算机进行观看。在这个流程中，除了全景相机和拼接环节，VR 直播与传统直播并没有太多区别。目前，直播大多是基于 360°全景视频实现的，技术上已没有太高的门槛。在体验方面，VR 直播目前有两种体验方式：一是用户被动观看，所看到的内容由导播决定；二是用户自己在多个机位中选择要看哪一个。在拍摄时，机位大多围绕明星，摄制组也会设计明星与机位之间的互动，这样用户在观看直播时能获得更好的现场感。

3. 发展状况

VR 直播存在的主要问题如下所述。

- 设备要求高：VR 直播需要全景拍摄，对拍摄设备要求高，不仅要有多个广角镜头，还要传感器同步、色彩及白平衡参数一致，对前端信号采集人员的要求也较高，一般的主播很难有这样的设备。

- 用户体验效果不好：硬件设备在刷新率和分辨率等指标上还无法达标，这使得用户无法看清快速移动的球和球员，甚至会产生眩晕。
- 内容分发困难：目前 VR 直播最大的受限原因并不是技术而是网速带宽的突破。VR 内容相比一般内容要大 4 倍以上，受限于带宽，如何将内容分发到用户手中将成为目前最大的课题。

但是，由于技术门槛低，VR 直播是目前继体验店之后最容易商业化的领域，国内外都有成功的商业案例。比如成立于 2009 年的 NextVR，依靠 VR 直播 NBA 赛事，成为 VR 直播领域的老大（图 5-4）。随着技术壁垒的降低，未来 VR 直播的竞争将会不可避免地走向内容和 IP（知识产权）的争夺。

图 5-4　NextVR 直播 NBA 的场景

第六堂课　虚拟现实行业应用

一、VR+工业

二、VR+农业

三、VR+军事

四、VR+教育

五、VR+医疗

六、VR+测绘

七、VR+地产

八、VR+旅游

九、VR+购物

十、VR+博物馆

虚拟现实除了拥有自身的技术体系，还更多地表现为一种使能技术，能够在各行各业得到深入应用，并会给未来社会面貌带来深刻变革。目前，从技术成熟度和用户关注点来看，VR 内容在行业应用相对较多的几个领域包括 VR+工业、VR+农业、VR+军事、VR+教育、VR+医疗、VR+测绘以及 VR+房地产、VR+旅游、VR+购物等，面向其他行业的内容制作也在起步。从用户群体分布来看，VR 的应用分为两块，一个是复杂的、需要软件开发的、面向 B 端（企业级）用户的 VR 应用系统；另一个是相对简单的、只需内容制作的、面向 C 端（普通消费者）用户的 VR 行业内容。一般说来，虚拟现实系统主要由开发平台、显示系统、交互系统和控制系统组成，B 端应用主要是在以上基础上加上行业特殊的内容完成的，C 端应用以内容为主，可以由 B 端应用移植简化。B 端应用投资大、难度大，但在开发过程中能丰富 VR 内容储备，有利于 C 端应用的发展。当前二者都处于快速发展时期，从长远看，发展潜力同样巨大，商机同样广泛。

一、VR+工业

在工业领域，虚拟现实技术多用于产品论证、设计、装配、人机工效和性能评价等。虚拟现实技术是工业 4.0 的核心技术之一，是数字化工业制造技术和生产流水线的重要应用环节，针对工业产品，利用该技术可优化产品设计，通过虚拟装配避免或减少物理模型的制作，缩短开发周期，降低成本；同时通过建设数字工厂，直观地展示工厂、生产线、产品虚拟样品以及整个生产过程，为员工培训、实际生产制造和方案评估带来便捷，在企业科学决策、优化产品性能、提高产品质量、降低生产成本、提升品牌影响力和赢得市场先机方面具有重要的应用价值。

（一）虚拟设计

虚拟设计指的是以虚拟现实作为基础，把机械产品作为设计的手段，通过这样的方式，利用多种传感器使设计人员和多维信息环境进行交互影响，从定量和定性两个方面对复杂的环境进行理性和感性的认识，从而有助于创新和深化概念。

虚拟设计主要体现在产品的外形设计和产品的布局设计上。例如，在传统的工业设计中，一般情况下开发或设计一个产品需要经过图纸设计、外形铸模、多次的评测修改等众多步骤，并且还会花费大量的时间与资金，而采用虚拟现实技术进行产品设计，则不需要实体建模，简化了很多工序，还可以根据 CAD 和 CAM 程序所收集的有关设计的数据库进行仿真，验证其形状是否符合空气动力学原理、运动过程的阻力、其内部结构布局的合理性等，极大地缩短了制造周期。例如，虚拟设计的著名案例——波音 777 飞机虚拟设计，在原有 Boing-CAD 的基础上建立了一个由数百台工作站组成的产品设计虚拟环境，300 万个零件的设计及整体设计都在这个虚拟环境中运行。设计师戴上头盔显示器后，能进入虚拟“飞机”中，审视其各项设计，最终实现机翼和机身结合的一次成功，缩短数千小时的设计工作量，如图 6-1 所示。

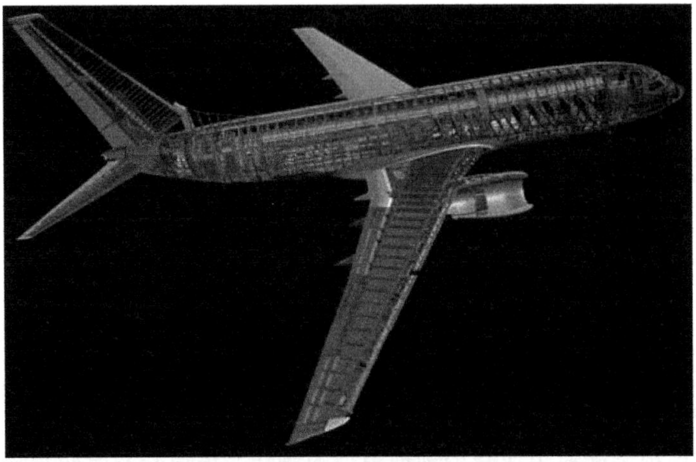

图 6-1　波音 777 飞机虚拟原型

采用虚拟现实系统不仅可以进行全尺寸的产品设计，还可以进行虚拟工厂和虚拟生产线的设计，VR-Layout 是江衡信息科技有限公司自主开发的虚拟工厂布局与仿真平台，提供三维虚拟环境中实现车间布局可视化仿真以及漫游功能。VR-Layout 可以取代传统的二维布局软件，在实际生产线建设之前，对布局方案进行评估、修改，提高布局规划的效率，避免出现不合理的问题，主要功能特点如下所述。

- 实时三维布局功能：VR-Layout 能够方便地在三维环境中进行模型的

移动、旋转、缩放等操作，实时对当前的布局进行修改和可视化。

- 物流路径规划功能：VR-Layout 允许让用户进行三维标识、三维路径规划与显示，在生产线布局时能够作为物流路径的显示。
- 大规模数据实时处理能力：飞机及其加工工装数模通常包含大量曲面数据，这类产品生产线仿真要求能够对大规模数据进行实时处理。VR-Layout 具有强大的 3D 图形处理能力，支持超大量三维模型数据（1000 万面片以上）的实时渲染，并支持光照、阴影等特效，能够在三维环境下对真实场景进行仿真。
- 三维 CAD 软件接口：VR-Layout 支持大部分主流 CAD 软件（CATIA、ProE、UG、SolidWorks 等）以及三维设计软件（如 3D Max、Maya 等）以及三维模型导入，将多种格式的模型放在同一环境中显示。
- 三维立体显示：VR-Layout 能够实现主动立体、被动立体、红蓝立体等多种立体显示方式，支持几乎所有的立体显示器、3D 电视以及 3D 投影仪，让用户获得更真实的视觉效果，如图 6-2 所示。

图 6-2 VR-Layout 虚拟工厂场景

（二）虚拟装配

装配是产品设计制造过程中的重要环节，虚拟装配应用计算机仿真技术，基于产品的数字化实体模型，对零件的加工方法、工序顺序、工装的选用、工艺参数的选用、加工工艺性、装配工艺性、配合件之间的配合性、运行物件的运动性等进行建模仿真，分析与验证产品的装配性能及工艺过程，从而提前发现加工缺陷和装配时出现的问题，优化制造过程、提高加工效率。

虚拟装配模型是分析装配问题的基础，因此，在虚拟装配中，面向装配过程、支持虚拟装配中各种需要的产品装配模型十分重要，模型的特点和优劣在很大程度上决定了系统所能实现的功能。

虚拟装配仿真平台 JHDMVA 是江衡信息科技有限公司完全自主产权的软件，JHDMVA 为各类复杂机电产品的设计和制造提供产品可装配性验证、装配工艺规划和分析、装配操作培训与指导、装配过程演示等完整解决方案。该方案为产品设计过程的装配校验、产品制造过程的装配工艺验证、装配操作培训提供虚拟装配仿真服务。其功能特点如下所述。

- 操作过程仿真：对生产线操作过程进行仿真，将生产过程中的各种要素，包括工件、机器、工装、夹具等在三维虚拟环境中进行建模，并对操作过程中各个要素的动作、状态进行仿真。
- 交互式装配仿真：为用户提供虚拟环境下的交互装配操作，用户能够使用鼠标、键盘、数据手套等交互工具进行交互式的抓取、移动、装配、释放等功能，实现产品的装配与拆卸，能够验证装配过程，并生成作业指导书。
- 支持常用 CAD 软件接口：JHDMVA 提供了常用 CAD 软件的接口，如 UG、CATIA、Pro/E 等，用户能够将这些 CAD 软件中的模型通过接口导入 DMSP 软件进行虚拟装配，并支持纹理、材质等，达到更好的效果。
- 路径序列规划：JHDMVA 支持自定义装配序列，用户能够通过设置关键帧以及虚拟环境中三维模型的位置，形成装配路径及装配序列，生成装配动画及作业指导书。
- 碰撞检测功能：JHDMVA 集成了快速碰撞检测模块，能够在装配过程中实现实时的碰撞检测，具备几何模型适应能力强、自行构造和管理碰撞检测计算场景、计算速度快等特点，并能够自定义计算精度，适合进行大规模场景实时碰撞检测。
- 虚拟人模块：JHDMVA 集成了通用的虚拟人开发软件包，可按照身高、臂展或用户自定义参数构造虚拟人，并能够对虚拟人动作进行编辑与驱动。软件支持使用 VICON、NDI 等位置跟踪器驱动虚拟人模型。
- 三维标注：JHDMVA 支持在三维环境中对零件的尺寸、间隙等进行标注，能够自动计算点—点、点—线、点—面、点—体，体—体等之间的距离，并进行自动标注。

图 6-3 是 JHDMVA 虚拟装配仿真效果。

图 6-3　JHDMVA 虚拟装配仿真效果

（三）虚拟维修

虚拟维修是虚拟技术近年来的一个重要研究方向，目的是通过采用计算机仿真和虚拟现实技术，在计算机上真实展现装备的维修过程，增强装备寿命周期，提高各阶段关于维修的各种决策能力，包括维修性设计分析、维修性演示验证、维修过程核查、维修训练实施等，如图 6-4 所示。

虚拟维修特别适用于煤矿、核电站、化工等对安全性要求较高的场所，并可应用于工业培训，设备快速抢修之前，进行维修预演和仿真。虚拟维修技术可以通过仿真操作过程，统计维修作业的时间、维修工种的配置、维修工具的选择、设备部件拆卸的顺序、维修作业所需的空间、预计维修费用，突破了设备维修在空间和时间上的限制。此外，录制的三维环境中的维修过程动画过程，也可以作为维修培训的图形化教程。

图 6-4　虚拟维修

VR 在设备维修方面最为典型的应用当属美国哈勃望远镜（HST）的虚拟维修系统。1990 年 4 月，哈勃望远镜进入轨道不久，天文学家发现它的光学系统存在缺陷，因此 NASA 为执行任务的宇航员建立了虚拟的太空环境（哈勃望远镜（HST）的虚拟维修系统，如图 6-5 所示），从中完成各种模拟维修活动。经训练后，HST 的维修任务于 1993 年 12 月成功完成。这是第一次大规模应用虚拟维修技术完成实际任务，并取得了成功。

图 6-5　哈勃望远镜（HST）的虚拟维修系统

下面介绍一个沉浸式维修验证系统的案例，如图 6-6 所示，该系统主要由维修任务/场景服务器、沉浸式维修模拟终端、建模管理终端、监控指挥终端、维修分析终端、控制/观摩终端等几部分组成，各部分主要功能如下所述。

- 维修任务/场景服务器：由任务/场景监控服务器、文件/数据库服务器和相应的管理服务程序组成。作用是管理模型库/场景库/任务库数据、监控维修任务及场景的运行状态、管理用户权限、管理用户维修记录、执行必要的客户端之间的协调处理等。
- 沉浸式维修模拟终端：由捕捉处理和头盔图像渲染两部分组成，前者由光学捕捉设备、数据衣（或光学标识设备）、数据手套、捕捉处理计算机组成，后者由数据头盔、头盔图形渲染计算机组成。其中，捕捉处理计算机的作用是实时捕捉人体各个部位的方位，转换为人体姿态数据。头盔图形渲染计算机的作用是接收捕捉得到的三维人体姿态数据、结合维修场景的数据，进行三维图形生成（左右眼的图形），并输出给数据头盔。

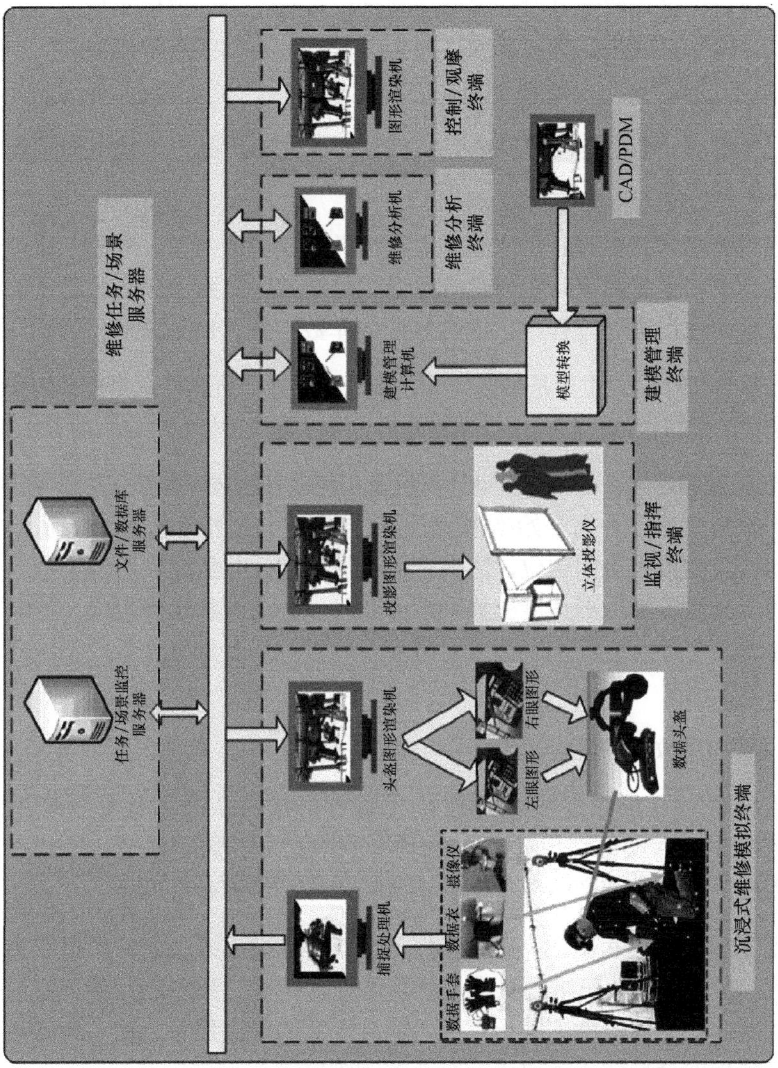

图 6-6　沉浸式维修验证系统

- 监视/指挥终端：主要由投影图形渲染计算机、大屏幕立体投影系统及相应的软件组成。作用是接收捕捉得到的三维人体姿态数据、结合维修场景的数据，进行三维立体图形生成，并输出给双通道的立体投影系统，供领导和专家对于维修模拟过程进行检查、评估和指挥。其中立体投影系统由立体投影仪、投影大屏幕、立体眼睛等组成。
- 建模管理客户端：主要由建模管理计算机、建模管理程序和模型转换程序组成。作用是接收来自 CAD/PDM 软件的产品三维数字模型和产品结构数据。
- 通过模型转换处理：生成模型库数据并存储到服务器。同时，通过选择模型和定义约束，生成维修场景库数据并存储到服务器。通过选择场景和预设维修过程，生成维修任务库数据并存储到服务器。
- 维修分析终端：主要是维修分析计算机和维修分析软件。本部分的作用是记录虚拟维修过程、维修障碍分析、维修时间分析、维修空间分析等。
- 控制/观摩终端：由图形渲染计算机及相应软件组成。本部分的作用是控制维修模拟任务的开始/结束/暂停，控制参与模拟和观摩的人员，帮助参与模拟人员的定位，协调有关人员行为，并且提供对于维修场景的实时显示和图形角度变换。本部分可以分为两种运行模式：控制和观摩，前者既能够控制又可实时观看场景；后者只能观看，不能控制场景。

系统主要功能如下所述。

- 维修任务、场景建立和管理：利用数据接口从产品数据管理系统（PDM）和维修性设计/分析软件中获取产品的数字模型和维修规划数据，构建三维产品模型库、维修场景库和维修任务库。
- 维修过程模拟和验证：在维修任务场景中，操作人员借助虚拟现实设备，在数字化的三维场景中按照装备维护维修的顺序进行各种模拟操作，并亲身体验维护操作过程。针对既定的维修任务，初步验证其维修规划的合理性，为改进方案和编制维修规程提供依据。
- 维修可见性、可达性、维修障碍以及维修空间的分析：在虚拟的维护维修场景内，操作者可随意改变头部姿态来考察可见性；操作者通过肢体的运动来考察可达性；通过对人体与三维场景内的装备和设施的几何干涉检查来分析维修障碍；通过计算肢体与装备之间、工具与装备之间的空间距离来分析维修空间是否足够。

- 综合的维修性初步评估：记录维修模拟过程中的各种关键信息，包括时间、路线、异常情况频度等，对该维修规划的合理性、效率等方面进行初步的综合评估。通过操作者在模拟过程中的亲身体验，如工作的姿态、负荷、相互配合等，初步评估维修人员的感受。
- 维修训练素材的产生：将三维数字化环境下的维修模拟过程记录下来，形成可以交互式播放的三维动画，可以嵌入到装备的维护维修训练手册中，提高装备维修训练的直观性，并降低训练费用。

二、VR+农业

农业是一个国家国民经济的基础，农业现代化程度是国家现代化水平高低的重要标志之一。利用虚拟现实和可视化技术对农业进行模拟、仿真，实现数字农业的可视化而发展起来的虚拟农业，是促进农业发展的有效手段。任何传统的农业技术上的创新与进步都需要付出难以想象的时间和金钱。对于普通农作物，一个周期长达一年，而果树和动物则需数年，且实验数据需要多次调整，每次的调整又需要一个生长周期的时间去验证。因此只有大型公司或科研机构有实力去从事农业技术研究，而且科研成果又面临生产地的环境考验。VR 技术的出现，可以缩短农业领域重大项目研究的时间，节约经费。同时，还可以用于农业过程研究、农业技术培训等领域，更好地实现农业的增产增值，加快农业现代化进程。

（一）虚拟植物

VR 在农业的实际应用中首先体现在虚拟植物领域。虚拟植物是应用计算机模拟三维空间中植物的生长发育状况，其主要特征是以植物个体为研究中心，以植物形态结构为研究重点，所建立的模型是三维的、可视化的。模型的建立主要有三种方法：第一是直接使用编程的方法；第二是使用现有软件如 3D Max，实地考察测量，获取资料，设计参数形成模型；第三是通过传感器、摄像机等采集数据，然后输入计算机进行整理。当前研究重点是植物生理生态和形态结构相结合的模型研究，并把作物同周围环境结合起来进行模拟。例如，模拟害虫的活动、天气气候的变化，确定最佳的喷药方式和时间等。利用虚拟植物系统，农户不需要高深的实验技能，只需要借助设备仔细观察，就能得到第一手数据资料。此外，还可以在短短的几十分钟内收集到大量的植物生长数据，一改传统农业难以量化的特点，为智能化和精细化农业提供依据。

虚拟植物的研究方法为：

- 对不同生长条件、不同生长阶段的植物进行定性观察，判别其生长模式，确定描述其形态结构的总体框架。
- 定量化测定植物的拓扑结构、几何特征、机械性质等。
- 将测定数据输入数据库，通过数理统计、模式识别等方法，提取植物形态结构规则；
- 模型依据植物生长规则模拟植物生长，应用可视化技术在计算机上实现虚拟植物。
- 基于所建立的虚拟模型，可进行虚拟实验等方面的研究。

按建模的方法和目的不同可将虚拟植物模型分为两类：静态模型和动态模型。静态模型是应用三维数字化方法等测定植物的形态结构数据后，直接应用这些数据所建立的植物空间结构的相关三维模型，如图 6-7 所示。

图 6-7　虚拟植物三维模型（梅花）

虚拟植物的动态模型是基于对植物生长过程中拓扑结构演变和几何形态

变化规律的研究，提取植物的生长规则而建立的，模型用于反映植物生长过程中的规律，是虚拟植物模型的主要发展方向。其中作物形态结构的模拟研究发展比较快，有代表性的是 1968 年丹麦植物学家 Lindenmayer 提出的 L 系统。L 系统是一种形式语言，其本质是一个重写系统，它通过对公理应用产生式进行有限次迭代后，对产生的字符串进行几何解释，就能生成非常复杂的图形。

由于植物产生分枝、节间伸长也可以视为一种迭代过程，因此 L 系统非常适合描述植物的形态结构。加拿大 Calgary 大学的 Prusinkiewicz 等人以 L 系统为植物形态结构的描述框架，开发了 Vlab 虚拟植物系统，该系统能够实现不同类型植物的模拟。其他研究包括美国的 Clausnitzer 和 Hopmans 利用有限元方法进行的三维根的生长和瞬时土壤水流的模拟建模。法国农业开发国际研究中心（CIRAD）研制的 AMAP（Advanced Modeling of Architecture of Plant）模型。这些模型可以在虚拟环境中体现植物整个生长过程，详细表现了植物株高、结果等各项生产指标与外部环境、农业措施（如虚拟施肥、果树虚拟剪枝、作物虚拟育种的株型分析与选择）之间的关系等。图 6-8 是基于 L 系统开发的树木生长模拟动画。

图 6-8　基于 L 系统开发的树木生长模拟动画

（二）虚拟养殖

VR 同样能运用在农场养殖业上，它能通过以前的真实信息在一个模拟环境中实现对动物从器官、组织、系统到整体的精确模拟，通过操作者的调控，“虚拟动物”将能模仿真实动物作出各种反应。若设置声音和力反馈装置，还可提供视、听、触等直观而又自然的实时感。这对模拟动物生存环境、动物营养需要、遗传资源固定和品种选育等具有重大意义。

以某虚拟猪养殖实验系统为例，该系统采用现代计算机三维交互技术，通过虚拟猪养殖过程的一系列实验，让学生能够了解猪的品种知识，进行猪的品种学习测验，虚拟猪场的选址、虚拟猪场的三维搭建、虚拟猪的喂养、虚拟猪场疫情演示等环节，让学生去猪场实习前对养猪的整个流程有一个直观的体验，同时学生可以模拟在各个三维虚拟猪舍间漫游，了解猪场的设施和养猪的情况，对现代化养猪场产生一定的了解和认识。VR 技术的应用提升了学生的学习兴趣和学习效率，如图 6-9 所示。

图 6-9　虚拟养殖案例

（三）虚拟农场

利用虚拟植物模型的可视化特征建立虚拟农场，使学生和农民在计算机上种植虚拟作物和虚拟农田管理，从任意角度甚至在作物冠层内漫游，观察作物生长状况和动态过程，并可通过改变环境条件和栽培措施，直观地观察作物生长状况的改变，这样可取得传统方式无法企及的效果，特别是对农业科技成果推广而言，将使农民更易理解和掌握先进的农田管理技术。

除农业生产外，虚拟农场还具有教育、观光的意义。如开发虚拟农场实现网上种田，可以使广大农民和学生更快地掌握先进的农田管理技术和农业知识。佩戴 VR 眼镜和头盔可以身临其境体验从远古到未来，或只是幻想任意一个农业场景，激发游客的想象力、创造力及增强他们的立体空间感，成为一个人们愿意沉浸其中的娱乐空间。图 6-10 是 VR 游戏《职业农场》的画面，玩家自己管理自己的农场和操作众多的农业车辆，具有良好的体验性。

图 6-10　VR 游戏《职业农场》

三、VR+军事

军事是虚拟现实技术最重要的应用领域之一，也是虚拟现实技术应用最早、最多的一个领域，美国国防部将虚拟现实技术列为 21 世纪保证美军优势地位的 7 大关键技术之一，为军事领域带来了观念和方式的变革。虚拟战场采用虚拟现实技术真实再现战场的自然环境，并通过网络将各种模拟器、军用虚拟现实软件以及真实的武器平台连接在一起，演练者通过必要的设备与虚拟环境中的对象进行交互作用、相互影响，还可以进行多人的互动，在视觉和听觉上产生“沉浸”于真实环境的感受和体验，并在其中熟悉将作战区域的环境特征，进行训练、研究、演练等各项军事活动，训练战斗技能和坚忍的意志。

在阿富汗战争打响之前，美国陆军装备司令部出资 10 亿美元构建了逼真的阿富汗虚拟战场，模拟了从沙漠到丛林以及拥挤的街道等各种地形，并通过人工智能的方法设计塔利班“士兵”供参战人员模拟作战使用。同样，美军早在对伊拉克开战半年前就构建了巴格达城区虚拟战场，将所有的建筑物、街道、公共设施、树木等全部模拟出来。演练的士兵如身临其境，可以判定进攻方向、威胁强度、掩蔽位置，可以制订作战预案，进行战斗演练。它将参训人员带到像实战一样、弥漫着危险气氛的环境，让他们相信自己可以应付眼前的一切。当这些人员真正上战场时，他们已经成了熟悉战场环境的老兵。虚拟战场环境在武器试验中的作用更加充分体现了信息技术的优势。高新武器的研制试验总伴随着高昂的经费．而在虚拟战场环境中测试武器装备的准确射程、打击范围、损毁程度等指标，不仅精确度高，也大大节省了经费。

军事仿真演练也是我国虚拟现实应用较早的领域。从 1996 年开始，在“863”计划的资助下，以北京航空航天大学为系统集成单位，联合国内多家单位，持续开展了分布式虚拟环境 DVENET（Distributed Virtual Environment Network）的研究开发工作。DEVNET 以多兵种战术演练为背景，全面开展了虚拟现实技术的研究开发和综合应用。该虚拟战场包括一块大小为 110km×150km 的基于真实地形数据的虚拟陆战战场环境，与陆地连接的一块逼真的海战战场环境，以及飞机、坦克、舰艇、潜艇、自行高炮、导弹和雷达等武器的虚拟仿真平台。在各参加单位的密切合作下，进行了多次异地海陆空多军种作战联合演练，取得了丰硕成果。目前，军事领域仍然是虚拟现实技术应用最迫切、应用系统开发最多的领域之一。

（一）虚拟训练

训练仿真是一种物理模拟技术的应用，它主要是通过模拟实车、实兵或实战环境来培养单兵或小范围作战编组的作战技能，如目前使用较多的驾驶模拟仿真系统、多用途复合激光作战仿真系统等。这些仿真系统的准确性和逼真性得到了很大的提高，图像的仿真程度也已经与实物、实景相差无几。特别是训练仿真系统具有在危险小、低消耗的条件下训练出较强作战技能部队的特点，因此受到世界各国军队的极大重视。

美军于 20 世纪 70 年代末开始将模拟训练器材应用于部队训练，80 年代以来，美军更加重视适合于实战要求。与常规的训练方式相比较，虚拟现实训练具有环境逼真，沉浸感强、场景多变，训练针对性强和安全经济，可控制性强等特点。此外，随着计算机及现代通信技术的飞速发展及在训练上的广泛运用，训练仿真系统呈现出由单车、单炮等模拟向作战联网方向发展的趋势。

以 Frasca 公司研制出的通用航空飞行训练模拟仿真设备（图 6-11）为例，其中标准类产品包括 TruFlite 和 Mentor 两类。它们被设计成能满足单发和双发通航机型的模拟机，不但可以提供高保真度的模拟，还可以进行产品更新，配有多种选装方案可供用户选择，模块设计及发货快速，以及无与伦比的可靠性。另一种按要求定制的产品则是根据用户需要量身定做的。

图 6-11　Frasca 虚拟现实飞行训练模拟仿真设备

Frasca 产品的特点如下所述。

- 与其他的飞行训练设备制造商不同，Frasca 公司的产品具有很强的适应性，能够成为任何一款飞机的模拟训练器。Frasca 公司的产品有 70% 的部件均为本厂制造，能够提供长期的售后服务保障。
- 教员台（GISt）使教员能够随时控制训练环境，监视训练器及飞行员的状况，并可编制飞行训练计划。
- 动态载荷系统（ECL）能够通过操纵杆的力反馈，给予飞行员驾驶真实飞机相同的感受。
- 以高性能的数字信号处理（DSP）为基础的音响系统可以模拟飞行及驾驶员联络的声音效果。利用环绕声功能，声源效果比以前更加真实。
- 数字仪表（CGI）技术采用高清晰度液晶显示器，描述飞机金属斜面控制台后面的仪表、旋钮和无机玻璃下的机械校准系统，增强了仪表盘重新布局的能力，以适合多种飞机。
- 模块化接口系统所有的连线都集中到电子柜，缩短了集成时间，也使得维护更为简便。FVS-200TX 视景系统提供高清晰度的视景系统，产生真实的飞行感觉。

- Frasca 的 TruVision 显示系统系列产品可以直接从卫星图像中创建高分辨率的地形，并且可以自己制作细节。支持单通道直视和立体投影显示系统，多通道环幕立体显示的视野角度高达水平 220°、垂直 60°，并可设置多云层、烟雾、闪电、降水等特殊效果。

（二）虚拟演习

传统的实兵演习周期长、耗费大，如果借助虚拟军事演习系统进行训练，就可以较小的代价、较短的时间实施大规模战区、战略级演习，并可通过多次演习或一次演习多种方案，发现、解决实战中可能出现的问题。通过建立虚拟战场，使参战双方同处其中，根据虚拟环境中的各种情况及其变化，实施“真实的”对抗演习。在这样的虚拟作战环境中，可以使众多军事单位参与到作战模拟中来而不受地域的限制，可大大提高战役训练的效益，还可以评估武器系统的总体性能，启发新的作战思想。

目前，虚拟战场和虚拟演习的货架产品很多，应用也比较广泛，如国外的 MAK、STAGE、STK，国内的 JMASS（国防科大）、GENSIM（华讯方舟）、DWK（神州普惠）等，还有相当数量的用户单位自行开发的虚拟战场系统。

MAK 公司的 VR-Forces 是一套计算机生成兵力软件开发工具包，其中包括 VR-Link、MAKRTI、MAKStealth、MAKDataLogger、MAKPlanViewDisplay、MAKGateway 等若干软件工具，但其核心是计算机生成兵力软件 VR-Forces，它提供了简洁易用的图形用户界面和丰富的面向对象的应用程序接口 API，用户可以通过它的图形用户界面，利用软件已经提供的实体对象进行想定编辑、作战仿真；还可以基于它提供的 API，按照用户的实际需求进行自定义设计，并对源程序重新编译，使用户能够方便地开发各类 CGF 应用系统或者实现与其他仿真系统的兼容互用。

利用 MAK 提供的工具，如 VR-Forces、MAKStealth、MAKPVD 等，可以直接构造虚拟战场，过程如下：

- 下载地形数据，利用地形生成工具创建三维地形，加入到 Stealth 环境。
- 生成相应的二维地形或地图文件，转换为 PVD 和 VR-Forces 能加载的.map格式的地形。

- 利用建模工具生成武器平台实体的三维模型，并加入到Stealth环境。
- 编写想定，在VR-Forces中以计划的形式描述出来，并将任务分配至各个实体。
- 将MAK工具在网上互联，运行仿真。

图6-12是利用MAK工具构造虚拟战场的示意图。

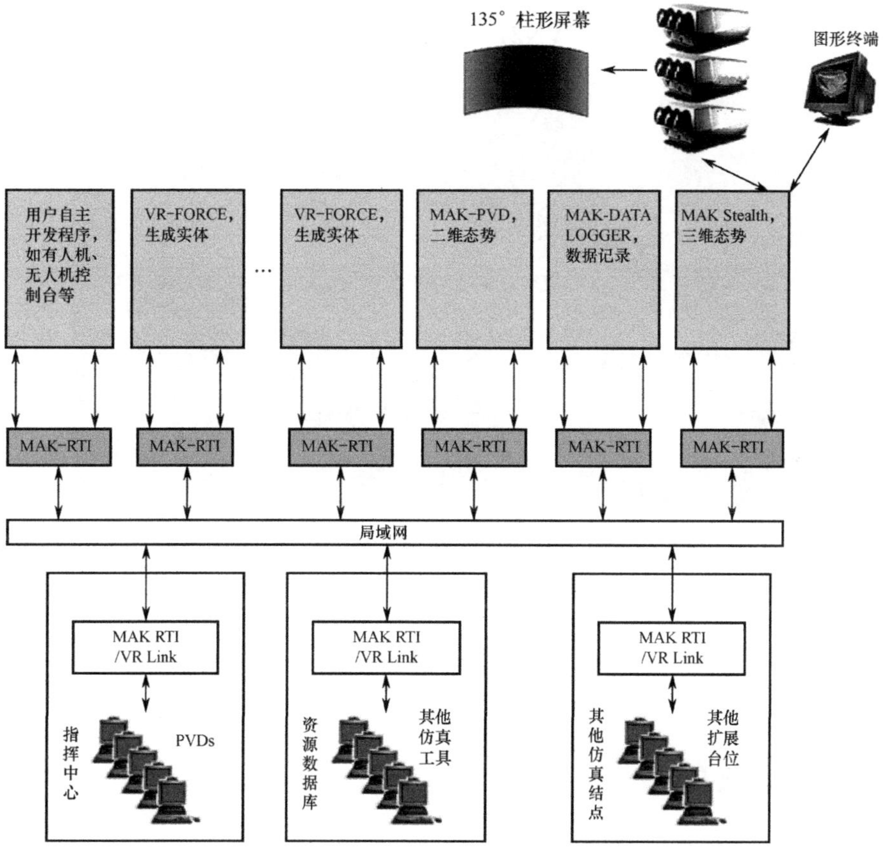

图6-12　利用MAK工具构造虚拟战场

（三）虚拟武器样机

虚拟现实技术在武器设计、研究分析、生产规划、制造使用等环节都有重要的应用价值。在武器设计研制过程中，用虚拟现实技术提供先期演示，让研制者与用户同时进入虚拟作战环境操作武器系统，检验其设计方案、战术技术性能指标及操作的合理性，把先进设计思想融入武器装备研制的全过程，既能加快武器系统的研制周期，又能合理评估其作战效能，从而保证其总体质量和效能，使之更接近实战的要求。采用虚拟现实技术对未来高技术战争的战场环境、武器装备的战术技术性能和使用效率等进行仿真，利于有选择地重点发展武器装备体系，优化其整体质量和作战效能。

美国诺格公司正在利用虚拟现实技术为美国海军设计下一代航母CVN21，它是第一艘完全在虚拟环境中设计的航母，如图 6-13 所示。通过虚拟现实技术的使用，CVN21 的研制周期与费用大大缩短了。

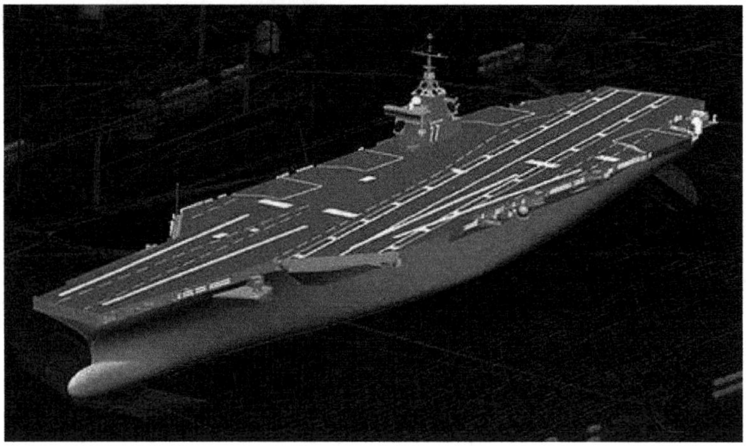

图 6-13　采用虚拟现实技术设计的 CVN21 航母模型

四、VR+教育

虚拟现实技术作为一种新兴的教育媒体，在教育领域得到了广泛的应用，也展现了巨大的发展潜力。虚拟现实教育的优势在于：

一是可以弥补远程教学条件的不足，丰富感性认识，加深对教学内容的理解。

二是可以避免真实实验或操作所带来的各种危险。例如，虚拟的化学实验可以避免化学反应所产生的燃烧、爆炸等。

三是彻底打破空间、时间的限制，在空间上，大到宇宙天体，小至原子粒子，学生都可以进入这些物体的内部进行观察。在时间上，一些需要几十年甚至上百年才能观察的变化过程，通过虚拟现实技术，可以在很短的时间内呈现给学生观察。

四是虚拟现实强大的交互功能可以让学员与虚拟的人物、物体交互互动，从而增强体验性，加深学习印象，还可以通过网络进行协同交互学习。

虚拟现实技术在现代教育教学中的应用主要有虚拟实验室、虚拟实训基地等。

（一）虚拟实验室

虚拟实验室是一种基于 Web 技术、VR 虚拟现实技术构建的开放式网络化的虚拟实验教学系统，是现有各种教学实验室的数字化和虚拟化。虚拟实验室由虚拟实验台、虚拟器材库和开放式实验室管理系统组成。虚拟实验室为开设各种虚拟实验课程提供了全新的教学环境。虚拟实验台与真实实验台类似，可供学生自己动手配置、连接、调节和使用实验仪器设备。教师利用虚拟器材库中的器材自由搭建任意合理的典型实验，或实验案例，这一点是虚拟实验室有别于一般实验教学课件的重要特征。

在虚拟实验室中，学生既可以在虚拟实验台上动手操作，又可自主设计实验，有利于培养操作能力、分析诊断能力、设计能力和创新意识。在虚拟实验室中，学生更易获得相关的知识、科学的指导和敏捷的反馈。虚拟实验室是未来实验室建设的发展方向。虚拟实验室的开发分为模型建立、制作交互文档、网络发布三个阶段，同时也是虚拟现实技术应用研究的重要载体。

从建设角度来说，虚拟实验室有三种方案，其优缺点对比如表 6-1 所示。

可以看出，无论采样哪种方式都有优缺点，因此学校可根据情况选择适合于自己学校要求的虚拟实验室建设方案，实际上，几种类型的虚拟实验室可以同时使用，这可能是一种比较好的教学方式。

表 6-1 三种虚拟实验室建设方案优缺点对比表

	专用实验室	混合实验室	Web 虚拟实验室
优点	(1) 有利于形成虚拟实验教学的专门课堂。 (2) 学生在这种实验室任务单一，因此容易学习到虚拟实验室上介绍的各种知识。 (3) 有利于学生查询知识，而不与正规试验冲突。 (4) 有利于教学评估时专家的考察和认同（很多学校都需要这个）。 (5) 有利于兄弟院校的参观访问	(1) 可利用机能实验中心的原有计算机资源和场地资源，节约成本。 (2) 学生可以将虚拟实验和真正的机能实验有机结合起来，达到印象深刻的目的	(1) 使用不受时间、地点的限制，同学可以在寝室、实验室、图书馆等场地使用虚拟实验室。 (2) 节约资源，不再提供专用的场地和计算机。 (3) 受益面广泛
缺点	(1) 要占用专门的房间 (2) 要占用专门的计算机资源 (3) 投资较大	(1) 容易和真实实验造成冲突，比如，老师在让学生做真实实验时，学生却自己做虚拟实验。 (2) 不利于专家评估。 (3) 不利于参观访问	(1) 无法监管学生的学习效果，可能会有一部分学生去访问学习，大部分学生则根本不去学习，很可能达不到真正学习的效果（因为没有学习的环境）。 (2) 不利于专家评估。 (3) 不利于参观访问

图 6-14 是上海科技馆虚拟实验室——《鸟类飞翔的研究》。

图 6-14 上海科技馆虚拟实验室——《鸟类飞翔的研究》

（二）虚拟实训基地

虚拟仿真实训系统就是针对特定学科的真实课件内容进行 3D 数字内容的模拟开发，并借助 3D 虚拟环境或 3D 立体显示设备模拟该学科的训练环境、条件和流程，使教师和学生能够获得和真实世界中一样或者相近的实训体验，达到替代或者部分替代实训效果的作用。

虚拟实训基地建设对破解当前我国职业教育实训不足、教学与实际脱节、提高职业教育学生职业能力都有重要意义。

虚拟实训目前在我国发展很快，建设内容包括场地设备建设、内容资源建设、教学课程建设等，其中最重要的是内容资源建设，国家数字化学习资源中心网站上提供了部分实训的内容，从目录上看，基本覆盖了国民经济的各个行业，图 6-15 是煤矿安全生产仿真系统的软件界面。

图 6-15　煤矿安全生产仿真系统

五、VR+医疗

医学领域对虚拟现实技术有着巨大的应用需求，为虚拟现实技术发展提供了强大的牵引力，同时也对虚拟现实研究提出了严峻挑战。由于人体的几何、物理、生理和生化等数据量庞大，各种组织、脏器等具有弹塑性特点，各种交互操作（如切割、缝合、摘除等）也需要改变人体拓扑结构，因此构造实时、沉浸和交互的医用虚拟现实系统具有一定难度。目前，虚拟现实技术已初步应用于虚拟手术训练、远程会诊、手术规划及导航、远程协作手术等方面，某些应用已成为医疗过程不可替代的重要手段和环节。

（一）虚拟手术

虚拟手术仿真系统是虚拟现实技术在医学领域的一个典型应用。虚拟手术是由医学图像数据出发，应用计算机图形学重构出虚拟人体软组织模型，模拟出虚拟的医学环境，并利用触觉交互设备与之进行交互的手术系统。虚拟手术系统为医生提供一个虚拟的3D环境以及可交互操作平台，逼真地模拟临床手术的全过程。与传统的手术教学相比，虚拟手术具有无损伤性、可重复性和可指定性等优点。但是，该领域的大部分研究仅限于仿真的可视化阶段，由于缺乏触觉效果，医生在虚拟环境下完成的手术与临床环境差别很大。

虚拟手术系统在医学上的应用起源于医务人员对复杂的三维医学解剖体数据的可视化需求，进而发展到能对重建的数据进行实时操作，以建立可供手术和手术前规划使用的虚拟环境。在手术教学和仿真训练等方面，虚拟手术系统有着令人鼓舞的应用前景。随着技术的发展，最初的计算机辅助手术系统已经发展到可以针对不同的外科手术进行辅助计划，由原来的导航、观摩形式发展成为具有可操作、可交互的虚拟仿真系统。尤其是近年来的外科整复手术，比如颅骨修补术、鼻梁整形术、颧骨整形术等。利用虚拟手术系统，医生可以在对病人实施复杂手术之前进行练习，把通过成像设备获取的病人图像导入仿真系统，医生可以对实际手术作出相应的规划，或者对病变缺损部位进行较精确的前期测量和估算，从而预见手术的复杂性。运用增强现实技术可以使医务工作者沉浸于虚拟的场景内，可以通过视、听、触觉感知并学习各种手术实际操作，体验并学习如何应付临床手术中的实际情况。这样节约了培训医务人员的费用和时间，使非熟练人员进行手术的风险性大大降低。日本及欧美国家一直在虚拟手术仿真领域处于领先地位。

早在1986年，日本、美国和瑞士几乎同时开发了由交互式CT机组成的导航设备，这也就是最初的计算机辅助手术系统。国外除了知名研究机构如斯坦福大学、休斯敦国家医疗中心有非常成熟的虚拟手术器械技术和虚拟显微镜技术外，目前很多公司也在着手开发成型的手术模拟系统。此外，还有一些研究机构和商业公司也开发了许多辅助软件产品，其中比较著名的有MIT的DavidT.Gering等开发的3DSlicer以及比利时Materialise公司开发的系列软件产品，它们将多种方式集中于一个系统环境中，可以实现配准、半自动分割、表面模型生成、三维可视化和定量分析，并且可以实现术前的手术计划和术间的手术导航，并在临床中得到了成功应用。如图6-16所示是Materialise公司研发的Mimics交互式的医学影像控制系统的软件界面，主要内容是进行人体脊柱三维重建的画面。Mimics软件功能强大，可以用CT机和MRI机甚至三维彩超的断层图像进行三维重建，输出为通用的三维格式，进行三维打印、科研、医疗、有限元分析等应用。

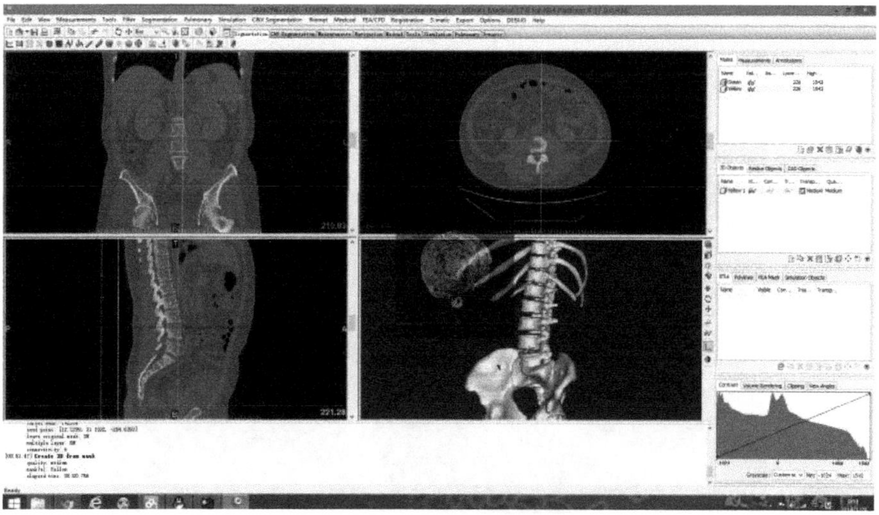

图6-16　人体脊柱三维重建

国内在计算机辅助手术系统的研究主要集中在科研院校和研究所，例如清华大学、浙江大学、上海交通大学、中国科学院自动化所等都成立了医学影像相关的实验室和研究院，研究方向大多集中在三维仿真、三维绘制以及软组织模拟等。

（二）虚拟人体

虚拟人体是通过数字技术模拟真实的人体器官而合成的三维模型。这种模型不仅具有人体外形以及肝脏、心脏、肾脏等各个器官的外貌，而且具备各器官的新陈代谢机能，能较为真实地显示出人体的正常生理状态和出现的各种变化。用计算机制作虚拟人，最关键的环节是采集各种人体数据。首先需要确定出一个理想的人体样本；然后经过尸体解剖、拍照、分析；再将数据输入计算机进行合成，从而制成一个完整的立体人类生理结构。

美国最先于 1989 年提出了“可视虚拟人”的概念，并于 1994 年制成了世界第一个男性虚拟人。1998 年又通过对一具女尸的解剖，在计算机中储存了高达 56GB 的数据，从而形成了数字化的女性虚拟人。现在，美国正在制造第二代有物理性能的虚拟人和第三代有生理功能的虚拟人。我国对虚拟人的研究在 2000 年正式列入高新技术发展计划中。2003 年 2 月 18 日 17 时 18 分，我国首例女性虚拟人数据集在位于广州市的解放军第一军医大学构建成功，这标志着继美国、韩国后，中国成为世界上第三个拥有本国虚拟人数据库的国家，如图 6-17 所示。

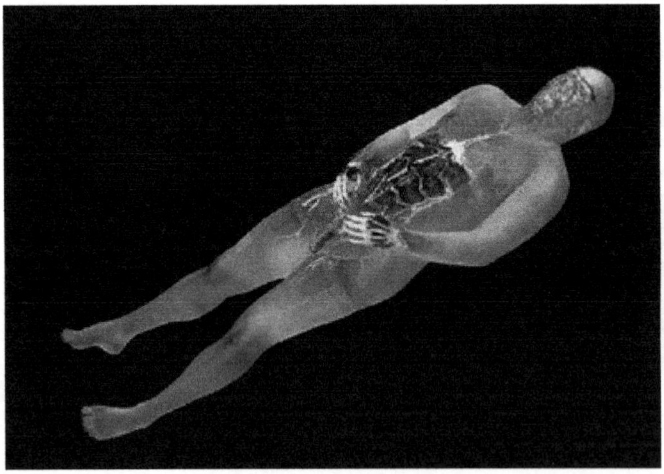

图 6-17 中国虚拟人

虚拟人体的价值主要体现在以下几个方面。

- 医学参考：用于虚拟手术、虚拟医疗技术培训等领域，培养优秀外科医生。过去要培养一个手到病除、技艺高超的外科医生，都要通过师傅带徒弟式的反复实践，在病人身上练习操作技术。现在有了虚拟人，就可以在计算机操纵的虚拟人体模型上培训外科医生。在动手术之前，也可以先在虚拟人的身上开刀，计算机上会显示刀口断层及组织断面，为医生制订术前计划提供科学参考。
- 制药实验：医生和制药公司就可以先在与病人身体数据一模一样的虚拟人身上试验新药，医生可以先将药物影响数据输入计算机，让虚拟病人先试“吃”一下，计算机里的虚拟病人会显示服药后的生理反应，从而协助医生对症下药，可以提高用药准确性和研制新药及新药上市的效率。
- 军事应用：虚拟人在军事医学上也很有价值。比如，可以用虚拟人来试验核武器、化学武器、生物武器的威力。现在的核爆炸试验都是利用动物进行。试验前在离核爆中心的不同距离放置动物，核爆后再把动物收回来检验。现在就可以直接拿虚拟人来做试验。
- 肿瘤治疗：放射治疗是目前治疗肿瘤疾病的一个重要手段，但由于现在做放射治疗的医生只能凭经验进行辐射量的调节，病人往往担心在此过程中受到过量的辐射。现在有了虚拟人，医生就可以先对虚拟人做放射治疗，通过其身体的变化来测定实际辐射量的使用，最后再用到真正的病人身上，这样就进一步提高了治疗的安全性。

虚拟人体的研究也正在向大众科普和娱乐方面发展，比如苹果公司发布的 iPhone 游戏虚拟人体（Visual Anatomy）能够显示出人体各个组织的解剖高清晰图像，包含了多达 48 个高清晰的人体组织解剖图像和超过 600 个人体器官，可以进行模拟解剖交互，每个人体器官都有自己的标签和简短的描述。它支持图像的方法和触摸功能，能够查看人体的任何一个部位。它的软件界面截图如图 6-18 所示。

图 6-18 虚拟人体软件界面截图

（三）虚拟心理治疗

虚拟技术可以用于治疗有心理创伤的病人，对于各种心理恐惧、创伤后应激障碍（PTSD）、焦虑症、甚至遭遇过事故而留下心理阴影的病人都有治愈功能。采用虚拟现实技术辅助的疗法也叫“情境暴露疗法”，主要就是通过虚拟仿真技术将病患置于一个更容易对抗心理症状的 3D 环境中，给病患一种安全感，有关研究也表明虚拟现实疗法在治疗心理疾病方面比起传统的治疗方法（如想象疗法、图像疗法）要更加有效。虚拟现实系统具有良好的沉浸性、互动性和构想性。随着 VR 技术的进一步发展，这项技术在心理治疗中将得到更加广泛的应用。例如，国外一些研究者在尝试运用先进的 VR 技术向患者呈现他以前经历过的各种重要的生活情景，以便更深入地了解患者的潜意识或心理创伤。VR 技术也可用于患者的康复训练或技能学习，帮助他们尽可能在比较短的时间内恢复正常生活。此外，利用先进的 VR 技术还可以更好地了解患者在记忆、注意、想象和情绪反应等方面的特点，从而为正确地诊断其病因和制订相应的治疗方案创造有利条件。图 6-19 展示了心理医生用虚拟蜘蛛进行恐惧症治疗的场景。

图 6-19　虚拟现实技术应用于恐惧症的心理治疗

六、VR+测绘

在测绘领域引入虚拟现实技术发展起来了三维地理信息系统。3DGIS 随着计算机可视化技术的发展和 2DGIS 的成熟，在 20 世纪 90 年代初开始为人们所关注。在传统的 GIS 领域内，信息主要是以二维平面地图的形式呈现给使用者，这种形式继承了普通二维地图显示的特点，对移动设备的硬件条件要求较低，数据传输量较小，但其直观性较差。信息的表现方式与最终使用者直接接触，是服务质量及效果最直观的体现。因此，GIS 的数据表现方式也直接影响着 GIS 对用户的适用度。进入 20 世纪 90 年代后，三维可视化与虚拟现实技术的迅猛发展使得建立 3DGIS 成为可能。

3DGIS 就是从数据结构到空间查询再到建模分析都建立在三维数据模型基础上的地理信息系统。3DGIS 功能的实现以及实用系统的开发，关键在于三维数据模型与数据结构、三维空间关系与空间分析以及三维可视化等关键问题的解决。3DGIS 对客观世界的表达能给人以更真实的感受，它以立体造型技术给用户展现地理空间现象，不仅能够表达空间对象间的平面关系，而且能描述和表达它们之间的垂向关系；另外，对空间对象进行三维空间分析和操作也是 3DGIS 特有的功能。它具有独特的管理复杂空间对象的能力及空间分析的能力，今天已经深入社会的各行各业中，如土地管理、电力、电信、水利、消防、交通以及城市规划等。

3DGIS 是一个综合性的研究领域，包括计算机图形技术、三维可视化技术、虚拟现实技术、空间数据结构技术以及三维空间交互与分析技术等。目前国内外比较成熟的 3DGIS 软件有多种，如 TerraVista、Skyline、TerrainView、灵图的 VRMap 等。

- TerraVista：TerraVista 是美国 TerrainExpert 公司的产品，曾在军事仿真领域广泛应用。其特点是三维地形模型采用三角网格表示、地表纹理可以采用遥感影像或其他模拟影像。由于其采用三角网格表示地形，所以其地形模拟表现特别真实，在浏览过程中，显得特别流畅、自然，其模型支持大数据量浏览。其缺点在于：在矢量数据表达方面具有较大缺陷，其矢量数据必须在建立三维模型的同时嵌入系统，如果发现矢量数据需要修改，三维模型必须重建。同时，TerraVista 对矢量数据的管理功能相对较差，不能实现实时查询等功能，也不支持网络浏览。
- Skyline：Skyline 是美国 Skyline 公司的产品，该产品包括建模工具 TerraBuilder、网络发布工具 TerraGate、场景编辑模块 TerraExplorerPro 和浏览器 TerraExplorer，另外可以支持第三方开发工具。Skyline 的优点在于：对于海量三维地形库场景的浏览速度几乎与数据量无关，具有与 GoogleEarth 类似的可操作性能，同时提供根据地名、场景地物定位等功能。
- VRMap：VRMap 是北京灵图软件技术有限公司开发的三维场景显示与管理系统，具有基本的 GIS 功能，可以在三维场景管理二维 GIS 矢量数据，实现空间、属性查询，支持大数据量的纹理。该系统分为 VRMap 标准版、VRMap 专业版和 VRMap 企业版。其中，VRMap 标准版包含 VRMap 三维场景制作工具和 VRMap 浏览工具两部分，提供三维地理信息系统场景的浏览、制作与三维 GIS 分析功能，支持平台标准插件功能，支持场景浏览、编辑和分析，适用于三维 GIS 场景制作和成果展示。VRMap 专业版完全包含标准版所有的功能，支持 VRMap 标准插件功能，集成了具有工业标准的 VBA 二次开发集成环境，支持插件二次开发功能。图 6-20 是 VRMap 的演示效果。

图 6-20　VRMap 的演示效果

七、VR+地产

房地产是传统产业，VR 应用于虚拟房地产，给其又注入了新的发展活力。房地产业使用 VR 的方式主要有全景相机实拍实体样板房与引擎实时渲染虚拟样板房两种，应用于虚拟小区沙盘、虚拟样板房体验、虚拟园林等方面。

- 虚拟小区沙盘：图 6-21 所示是某软件制作的虚拟小区沙盘的场景，用户可以从全局的角度去观赏地产开发商所营造的楼盘全景，通过全景鸟瞰功能，从高空俯瞰整个楼盘，更能彰显开发商与设计者对楼盘全局的把握、精巧的构思，更能从气势上大大提升楼盘的形象。导航地图结合环境漫游、全景鸟瞰等功能，可以随时切换到楼盘内想要到达的任意一处地方。

图 6-21　虚拟小区沙盘

- 虚拟样板间：根据用户需求，对楼盘各种户型制作全景仿真的样板房，让虚拟样板房与真实样板房实现高度一致。既可免除样板房参观现场组织之苦，又可避免真实样板房污损、变旧、易受环境影响等弊端。在虚拟样板间里，开关门会有对应的声音，电视和计算机画面会动态播放，金属和玻璃表面有自然的反射光泽。除此以外，有的软件或平台还提供了虚拟装修、日照模拟、信息查询等功能，允许用户使用交互设备对特定的建筑物外观、内部装修材质等设计元素进行切换，选择自己喜欢的装修风格，以调整到最佳设计效果。日照模拟可提供接近真实的光照模拟，让观看者直观感受到一年四季乃至每天各时段房间阳光照射的情况，为室内装修提供参考；也可以提供整个小区的阳光照射情况，呈现楼盘多姿多彩的景象。信息查询功能可以查询到楼盘所有在售房间，并可实时切换到该房间。观看者可选择查看相同户型的样板房以体验房间装修完成后的效果；也可以选择真实位置的房间毛坯房，通过窗口观看模拟的房间实景。图 6-22 是 VRP 软件制作的虚拟样板间效果。

图 6-22　虚拟样板间

- 虚拟园林：园林景观是房地产的重要卖点之一，也是地产开发商提供给未来业主生活环境的重要组成部分。通过虚拟现实技术可以逼真地表现未来花园中的生活设施、水塘游廊、花草灌木、山石小景等元素，并可展现儿童嬉戏、悠闲漫步、运动健身等生活场景，是虚拟现实“沉浸”和“构想”完美的体现，如图 6-23 所示。

图 6-23　虚拟园林效果图

VR 技术的引入不仅节省了购房者的看房时间，还给购房者带来良好的客户体验。只需要一副眼镜，就能让购房者置身于“未来的家园”。随着 VR 技术的不断升级，在房地产行业中的运用更加成熟。据了解，目前在房地产市场中包括万达、绿地、保利、蓝光、龙湖等多家开发商已经应用了 VR 技术。

八、VR+旅游

所谓虚拟旅游，指的是建立在现实旅游景观基础上，利用虚拟现实技术，通过模拟或超现实景，构建一个虚拟的三维立体旅游环境。VR 在旅游业的应用类似于房地产，其优势在于：一是将自然、人文景观全景式呈现，极强的沉浸感满足人们的猎奇需求；二是节约时间与空间成本，不需要费心规划旅游路线，随时随地体验旅游的感觉；三是可突破条件限制，不需要担心时差综合征、高原反应等，可以体验深海、太空等难以到达的场景。虚拟旅游除提供用户旅游体验外，还可用于宣传、规划、景区保护等。同样，虚拟旅游使用 VR 技术也有两种方式，即全景相机实拍与引擎实时渲染两种。

图 6-24 是基于全景相机实拍生成的实景互动漫游系统。球型实景和 360°实景两种播放模式；实景视频、图像，动静态混合，360°全方位互动观看；系统菜单自动导览顺序和循环播放；自主地图导览和菜单选择播放；字幕、语音同步播放；网络应用高、低码流（清晰度）选择播放等。

图 6-24　实景互动漫游平台——天涯海角旅游区

在引擎实时渲染方式应用上，虚拟紫禁城是一个很好的案例。虚拟紫禁城是中国第一个在互联网上展现重要历史文化景点的虚拟世界。采用高分辨率、精细的3D建模技术虚拟出宫殿建筑、文物和人物，为了营造尽可能真实可信的体验，还通过与中国历史文化专家合作和对实际演员的真实动作进行动态捕捉，再现皇家生活场景。这个被称为“超越时空的紫禁城”的虚拟世界，借助现代技术，立体、精细地再现了故宫博物院这座满载文化宝藏的宝库，是技术与文化的完美结合，如图6-25所示。

图6-25　虚拟紫禁城

九、VR+购物

VR购物是采用VR技术是把现实生活中的商城场景、规格、商城经营形式以计算机三维技术、网络技术、在线支付等技术手段在网络上搭建的虚拟购物中心，作为网络实现的虚拟商城，不仅仅是现实的简单复制，虚拟商城继承了会员制商务平台的供求商机、商品展示、商家管理、在线订单等在线数据交互功能，并以虚拟现实技术为核心，融合了好友成群、在线文字、语音视频交流、仿游戏效果、短信、银行接口等服务功能，打造了一个“一切皆三维”的网络数字化立体商城，实现完全网上社区化，并将商品销售的整条产业链人性化于网络上，生成可交互的三维购物环境。

在内容方面，阿里已经全面启动 Buy+计划，引领未来购物体验，并将协同旗下的影业、音乐、视频网站等，推动优质 VR 内容产出。阿里 VR 实验室成立后的第一个项目就是“造物神”计划，也就是联合商家建立世界上最大的 3D 商品库，实现虚拟世界的购物体验。目前已完成数百件高度精细的商品模型，下一步将为商家开发标准化工具，实现快速批量化 3D 建模。

图 6-26 是阿里 VR Buy+虚拟购物场景。

图 6-26　阿里 VR Buy+虚拟购物场景

十、VR+博物馆

博物馆是人们学习知识、参观文物、感受文化的地方，其社会意义强、教育功能直接，国家重视博物馆建设，主张更多的博物馆向社会开放。把虚拟现实技术应用到博物馆中，不仅能够加强博物馆的社会功能和教育功能，同时也为博物馆新的运作模式提供了可实践的方式，转变传统博物馆随走随看、走不到看不见的情况。

虚拟博物馆应用 VR 技术主要有两种方式，一种是三维建模方式，另一种是 360°全景相机方式。无论哪一种方式，都可以进行各种文献、手稿、照片、录音、影片和藏品等文物的数字化和展示，在保护文化遗产不受损害的同时，更好地满足观众和游人的参观游览需求。同时，对这些文物展品高精度的建模也不断给虚拟现实建模方法和数据采集设备提出更高的要求，推动了虚拟现实的发展。虚拟博物馆系统及技术可用于虚拟文物修复与保护、虚拟古建展示、虚拟文化体验、博物馆际合作交流等领域。

目前，许多国家都积极开展了这方面的工作，如纽约大都会博物馆、大英博物馆、俄罗斯冬宫博物馆和法国卢浮宫等建立了自己的数字博物馆。我国也开发并建立了大学数字博物馆、数字科技馆和虚拟敦煌（图 6-27）、虚拟故宫等。在线虚拟博物馆的案例也很多，例如，著名的谷歌艺术计划，是由谷歌与全球各地博物馆合作推出的一个艺术赏析服务网站，通过利用谷歌360°全景技术拍摄博物馆内部实景，结合超高解析像拍摄馆内历史名画，生动地展示了来自全球的各种文化与文明的创作。在谷歌艺术计划这个虚拟博物馆中，用户只需轻动手指，即可观赏到包括巴西的街头涂鸦、伊斯兰装饰艺术，以及非洲古代岩画等全球著名的艺术文化。还有百度推出的百度百科数字博物馆虚拟体验，利用 AR 技术使体验者沉浸在一个逼真的博物馆环境中，实现体验者和展品直接进行自然交互。

虚拟博物馆结合了文化艺术与科学技术，涵盖了计算机信息检索与处理、博物馆学、档案学等学科，反映了以人为本的人文精神和新的科学理念。研制开发一个比较完善的虚拟博物馆，不仅需要精湛的技术，还需要有深厚的文化底蕴是一个需要相对长期完善、发展的庞大工程。

图 6-27　虚拟敦煌展示

第七堂课　虚拟现实艺术表现

一、基本认知

二、创作工具

三、创作规律

纵观人类文化历史，艺术和科技的发展总是息息相关，二者相互交织，密不可分，共同推进着人类社会的发展，同时使人们的生活更加美好。艺术与技术的融合是虚拟现实最显著的特点，随着虚拟现实技术的发展普及，虚拟现实蕴藏的艺术魅力也在不断地激发着人们丰富的想象思维和创造的热情。

一件好的虚拟现实内容或一个虚拟现实系统不仅需要强大的技术支持，更需要在视觉和其他感官上能够给予用户艺术震撼和冲击。相对于传统艺术，虚拟现实不受时间和地点控制，打破了三维时空的局限，将静态的艺术转变为观察者可以探索的动态艺术创作过程，创造用户可以交互的虚拟世界并沉浸于其中，给用户带来各种全新体验。同时，虚拟现实本身也成为一种新的艺术平台，不仅其特有的艺术形式与表现语言日益丰满成熟，也促进了各种艺术形态之间的交互和融合，催生出更多的艺术形式。

一、基本认知

（一）概念特点

虚拟现实艺术是依托于虚拟现实、增强现实技术而产生的一类艺术形态，是 20 世纪 80 年代以来，随着虚拟现实技术的充分发展逐渐发展起来的。艺术作品的特性往往与它的创作工具有着直接的关系，虚拟现实技术的沉浸性、交互性和构想性，决定了以它为创作工具的虚拟现实艺术具有能够利用三维投影、三维立体声音定位等技术，令用户感觉身临其境的“沉浸式”视觉和声觉体验的特性，以及利用动作识别和力量反馈等技术，通过位置感应器、数据手套等装置，使用户不仅可以通过鼠标和键盘还可以通过触摸、手势和凝视等动作与作品进行实时性交互等特性，根据这些特性形成了它独有的艺术，我们称之为虚拟现实艺术。

虚拟现实技术一出现就受到艺术家们的关注，当艺术家们利用这种技术进行观念的创造和情感与情操的表达时，虚拟现实技术就成为一种创作工具，由此产生的作品就不单纯是技术产品了。与传统绘画、音乐、戏剧等艺术形式不同，虚拟现实艺术最大的特点就是可以通过视觉、听觉、触觉、嗅觉等感觉方式实现多感官沉浸，同时可对动作、姿势、凝视等行为进行识别，以达到行为的沉浸，虚拟现实艺术的欣赏者不再是被动地接收信息，而是可以主动地与虚拟世界进行交互，使参与具有更深的意义，甚至欣赏者也成了创作的一部分。

虚拟现实艺术极大地扩展了创作的空间，将创作者、欣赏者、作品甚至创作过程都纳入虚拟空间，并且在其中可以自由地交互。另外，虚拟现实艺术所特有的真实性、构想性、交互性和多感官体验是计算机图形艺术、计算机动画艺术、多媒体艺术等新型数字艺术所不具备的，这也是虚拟现实艺术区别于这些艺术形态的主要特点。

（二）发展状况

虚拟现实艺术的发展与虚拟现实技术的发展具有一定的同步性，经历了一个从构想到实施的过程。德国交互艺术家杰弗里·肖（Jeffrey Shaw，卡尔斯鲁厄 ZMK 影像媒介研究所主任），在 1989 年发表的作品《易读的城市》中，让观众骑上一辆底座固定的自行车，通过装有传感器的踏板驱动三维动画绘图系统，掌握自己在虚拟世界的方向和速度，获得游览曼哈顿的效果。在此之后，杰弗里·肖又分别制作了荷兰的阿姆斯特丹和德国的卡尔斯鲁厄两个城市的虚拟漫游版本。从这些虚拟现实作品中，我们可以看到艺术家为虚拟现实艺术的发展所作出的努力，这其中几乎居于主导地位的虚拟现实因素不断被其他艺术家加以发展，从而整合出了一个较系统的虚拟现实体系，而这个体系为之后的一系列虚拟显示艺术作品奠定了方向。

杰弗里·肖和他的虚拟现实艺术作品如图 7-1 所示。

其他的作品如日本艺术家加烟将裕的作品《IBVA》，将人大脑的各种状态以视觉的形式显示在计算机显示器上，将人体状况输入计算机，实现了大脑的自律管理。作品重点是为了表现人类大脑与计算机环境的交互活动以及与外部扩展的环境管理之间的关联性。《IBVA》将人体信息与网络环境形成联动，将仅限于听觉的大量音源通过 MIDI 信号传入网络，使远在他方的人体信息转换成具有交互特征的声音和图像。这件作品是“人机一体”出现的前兆。

图 7-1　杰弗里·肖和他的虚拟现实艺术作品

1993 年，克鲁格继其虚拟现实艺术作品《影像空间》之后的第二件虚拟现实艺术作品《影像空间：小行星》，观众可以在旋转的 3D 地球上自由飞翔，甚至张开双臂、调整身体向左右两侧的倾斜度，从而改变飞行方向，也可以根据前仰的程度决定飞行的速度，观众不仅可以通过控制自己的身体获得在山谷飞行的逼真体验，而且与之前通过数据头盔、手套等设备所获得的虚拟体验相比，观众在此可以获得更加现实、和自然环境水乳交融的虚拟飞行体验。与此同时，克鲁格还开发了可供多人参与的，在虚拟空间中相互进行交互的虚拟漫游导航系统。从这里以后，人们不断地把虚拟现实的沉浸感和多感官性发挥到极致，虚拟现实艺术的理念已经逐渐明显，开始在艺术领域中占有一席之地了。

2000 年以来，虚拟现实艺术迅速发展，根据所表达意义的不同分述如下。探索另类空间与人物的作品，比如劳拉和史翠兰的《占位符号：虚拟环境的风景和叙述》，奈马克的《此时此刻》和《旧金山海湾飞行》等；探索虚拟现实世界象征意义的作品，比如查·戴维斯的《渗透》和《瞬息世界》等；探索其他对象与生物的作品，比如杰弗里·肖的《放置一本用户手册》、《生命网络》等；探索真实与虚拟关系的作品，比如藤蟠正树的《页面之外》、《全球内部计划》等；探索信息可视化的作品，比如卢斯布瑞克与索特的《过往事物的不可见形状》、德国组织（Art+Com）的《大脑之家》和《技术社会》等。虚拟现实艺术通过模型构建、空间跟踪、视觉跟踪等技术实现了高沉浸感与交互的多感官空间，全新的视觉影像效果和互动体验感受使到场的每一位观众无比震撼。通过这些作品，艺术家们最为广泛地利用虚拟现实艺术特征，同时将其与网络等综合技术相结合，创造了崭新的以视觉沉浸和体验为中心的新兴艺术，虚拟现实艺术所实现的艺术哲学理想，为这一艺术的发展提供了好的思想氛围。

（三）作用与意义

虚拟现实的用途主要有两种：一种着眼于军事、医疗、教育等方面的价值，具有实用性。另一种着眼于艺术创造，追求令人销魂荡魄的彼岸世界。我们可以通过对虚拟现实技术的合理运用来对艺术设计的创意进行生动表达，有效地提高作品的设计效果，让使用者也对作品有一个更加直观、真实的感受。虚拟现实在艺术设计中的作用主要表现在以下几个方面。

1. 作用

1）提高艺术作品的展示度

设计师在进行艺术设计的时候，对虚拟现实进行合理的运用，既能使艺术设计的质量得到提高，又能把作品的使用者在实际生活中不可能看到的某一事物的变化过程呈现出来，从而为作品展示出它生动、逼真的感性的一面。举例来说，在对空间设计进行展示的时候，可以运用虚拟现实来模拟场景效果图，通过对参观路径的合理设置，将各个关键点有效地关联起来进行演示，使设计产品的使用者完全融入虚拟空间，去感受虚拟空间的千变万化。不管是图形方面的设计还是空间状态的设计，设计师为了使自己的设计形式和设计计划更加新颖、丰富，都可以对虚拟现实进行科学合理的运用，这样设计出来的艺术作品的艺术效果，会让作品的使用者有一种身临其境的感觉。

2）激发艺术设计者的创意

对于艺术设计来说，最重要的就是把设计者的设计创意充分地发挥出来，其创意还要通过一种最好的方式进行表达。而虚拟现实技术可以生动、形象地模拟各种各样的、形态各异的事物、环境、视觉变化等，设计者在进行艺术设计的过程中，通过对虚拟现实技术的合理运用，可以从固有的时间或空间上的制约中解放出来，根据自己的创意需要去虚拟再现，优化自己的设计方案，从而找到一个适合自己的、最好的表现方式。

设计者通过对虚拟现实技术的合理运用，可以为自己建立多种多样的虚拟艺术方面的设计要点，在设计的过程中，设计者可以根据自己的需要虚拟地表达自己的设计创意，让自己选择最佳的设计视觉效果。如设计者在设计任务插图的时候，就可以用计算机对不同的场景进行模拟，将不同的人物放在不同的模拟空间，深切体会不同空间带来的不同效果。这样的模拟设计，不但可以激发设计者的设计创意，而且会使设计者有一个比较深切的设计体会。

3）给设计者提供充分的互动学习

对于艺术设计来说，就是要设计者去自主地对设计所学的逻辑性及实用性进行有效探索。通过对虚拟现实技术的合理运用，设计者可以根据自己的设计需要去交互交流学习。设计者通过对设计理念进行深入的研究和分析，会把自己的主观能动性有效地发挥出来，这种互动性使得艺术作品的设计者对研究活动有了真正意义上的体会，从而达到培养自己主观能动性的目的。

设计者在进行艺术设计的时候可以对虚拟现实的沉浸性和交互性进行合理的运用，把自己放到模拟的环境中，让自己一心一意地去设计。如在包装结构设计进行技能模拟设计的整个过程中，作为作品的设计者就可以通过虚拟现实技术来模拟各种包装盒的不同开启方式。设计者在模拟开启包装盒的训练中，会对结构不同给使用者带来的不同体会有一个深切的了解，使设计方案得到进一步优化。

2. 意义

时至今日，在虚拟现实艺术的版图已包括 VR 影视、VR 戏剧、VR 游戏等多维艺术形态，几乎可以涵盖网络虚拟现实的全部技术，它运用三维模型、立体声音、仿真人物和其他资源，逼真且实时地构造一个“随心所欲”的虚拟世界。在这样的一个技术平台上，无数直观化仿真人类生存方式的虚拟现实技术正层出不穷地生长出来，电子商务、虚拟旅游等已成为我们身边无法忽视的新奇体验。

从对艺术推动的角度看，虚拟现实艺术把当代艺术中具有时效性的极端原则推进到一个极致，呈现出一种最为原始而前卫的知觉表达。在创作的过程中，虚拟现实技术离开了原有的经验模式，开创了新的艺术感知，改变了艺术的生产流程，进而引导充满幻想和模拟现实的多位艺术空间的崛起。通过虚拟现实技术进行人工再生并进行艺术加工，创造出一个崭新的感官世界，并将这种特定时空转变为特殊的语言环境，构筑了一个新的艺术景观，产生了新的艺术现实。其叙述结构完全不同于以往的传统概念和创作模式。虚拟现实系统利用独特的智能化属性，融入到各类艺术中，让艺术脱离了种种束缚，甚至超出了艺术家的主观经验而存在。虚拟技术将艺术创作人员和艺术本体引导至本质的艺术层面，更好地发掘出艺术的潜质和价值源泉。

人类历史的初期曾经有过幻想和现实不分的原始时代。由于生产力有所发展、思维能力渐趋发达，加上文字发明并付诸应用等原因，人类迈进了文明时代的门槛，能够将幻想和现实区分开来，基于幻想的艺术与基于现实的科技相应产生分化。而虚拟现实艺术的出现，再一次在新的起点上重构了人类生存发展的空间，幻想和现实在一个新的水平达到新的融合，虚拟现实的出现，正好处在人类艺术以技术为本向以人为本发展的拐点，也是继文艺复兴之后历史赋予人类艺术发展的又一个良机。

二、创作工具

虚拟现实体验目前仍以视觉为主，因此，各大公司也开发了相应的虚拟现实环境下的数字艺术创作软件工具，如 TiltBrush，PSVRDream，OculusQuill 以及 OculusMedium 等，这些软件工具给创作者带来了极大的便利。

1. TiltBrush

TiltBrush 是 Google 公司发布的一款 VR 绘图应用，简单地说，TiltBrush 将绘画创作空间从 2D 的平面转换成 3D。该应用包括了太空在内的不同风格的 3D 空间来作画，同时还提供各种样式的笔刷，像彩虹、发光带、星星、烟雾等。对于艺术家来说，这是另一种更直观的创作形式，给了他们更多的创意空间。由于 HTC VIVE 的大空间追踪及手柄功能的适应特性，目前 TiltBrush 官方推出的 HTC VIVE 版本，左手的手柄主要用来控制浮空的工具面板，转动左手手柄可以选择画笔、颜色等；右手的手柄主要用来画图，按住手柄后面的按钮拖动，就可以在空中绘画，具体的图形与画笔的形状有关。在创作过程中，如果玩家对自己的作品比较满意，还可以通过“截图”工具进行保存。在使用 TiltBrush 的时候，可以运用头盔的位置追踪功能调整角度，或者移动整个作画平面进行有景深的艺术创作，关键是看创作者的使用习惯。目前这一款产品还处于开发的初期，未来可能会延伸至实际的教学当中，如造型设计、服装设计等领域。

图 7-2 是使用 TiltBrush 创作的场景。

图 7-2　使用 TiltBrush 创作的场景

2. Oculus Quill

Oculus Quill 是 Oculus 旗下的工作室 Oculus Story Studio 研发的一款与 Tilt Brush 相似的虚拟现实绘画工具。遗憾的是，这款绘画应用并不准备向大众开放，而是为内部团队服务。该工具可以让插画家通过虚拟现实进行绘画和创作。从原理上看，Oculus Quill 和 Tilt Brush 十分相似，都是虚拟现实环境下的绘画应用，OculusQuill 借助 Oculus 的 Touch 手柄和运动相机，用户还可以选择不同的画笔和色彩，只要挥动双手，每一样东西都会在 3D 画布上变得栩栩如生。虽然 Oculus Quill 不会像 Tilt Brush 一样对公众发布出来，但是 Oculus Quill 仍可以激发出全新的虚拟现实艺术形式，向公众展示如何在现场绘画中增加时间维度和 3D 空间，Oculus Quill 的画笔顺序和节奏可以让艺术家将悬疑、幽默等艺术元素融入自己的创作当中

3. Oculus Medium

准确地说，Oculus Medium 是虚拟现实环境下的造型工具应用。Oculus Medium 像 TiltBrush 一样，也可以在虚拟空间中提供一些调色板和绘图工具，但是它不像 Tilt Brush 只是提供一些绘画素材。在 Oculus Medium 中，创作者可以直接创作雕塑作品，因为 Oculus Medium 提供像黏土一类的适用于立体雕塑的素材。在大部分情况下，创作者可以在 Oculus Medium 里面中创作立体的人物雕塑、实物雕塑等，创作的雕塑体积不是太大。当然，从目前的开发使用状态我们不难推测，Oculus Medium 在未来会催生更大的开发使用空间。

以上三种VR数字艺术创作的工具是目前比较有特色的创作应用。Google的Tilt Brush像是二维平面中的Photoshop，让艺术家有更新颖的创作工具与空间；Oculus Quill只是公司未公开的内部专注影片制作使用的工具，为影评创作添加更多幽默、创新的风格；Oculus Medium更像是现实生活中的CAD和3D Max，虽然都可以建模雕塑，但是OculusMedia也可以让更多非专业的人士特别是小孩进行创作，避开了现实生活中雕塑的一些弊端，如有毒气味、划伤的可能性等。总体来说，虚拟现实下的数字艺术创造工具给艺术创作带来了更大的便利，给普通人的生活增添了更多的乐趣。

三、创作规律

（一）以人为本规律

虚拟现实设计艺术作为科学技术与艺术的一个崭新的结合点，它能够让设计者拥有以前任何一个时代都无法比拟的创造性、想象力和身临其境感，更合理地协调了人与计算机、人与人之间的关系，它使设计师在艺术创作中获得了更大的自由，得以开创出一种更加“以人为本”的设计方式，使设计更加贴近于对生命的关怀。一是虚拟现实艺术主题要以人为本，要关注人、关注人类的生活环境和生活方式，关爱弱者、引导消费，主导产品发展的方向，内容紧贴时代发展脉搏。用设计的语言去表达人文思想，满足人的精神需求，体现人文精神。如图7-3所示为加拿大艺术家戴维斯（Char Davies）创造的沉浸性虚拟现实作品《渗透》（Osmose），开创了人类探讨自身本原的、富有哲学意味主题的虚拟现实作品。人们通过戴上数据头盔以及在胸前装上测量仪器，进入了一个虚拟的世界，在这个极其特殊的空间里，人处于一种失重的状态，在人类创世纪时的原初状态中漫游，仿佛仍是一个在母体中的胎儿。但很快你就会发现自己进入了一座充满了勃然生机的绿色伊甸园，周围是各种生物，你甚至可以随意进入每一片叶子。这是一种对人与自然之间虚拟交互体验的探索，也是一种人类“根”文化和“本原”的大胆设想，归结到底，人类最终还是回归到了母体之中。

图 7-3　《渗透》（Osmose）

虚拟现实艺术要以人的体验为中心。虚拟现实设计艺术显著的一个特征就是它具有身临其境的感官体验。所谓身临其境的感官体验，是指在虚拟现实技术的支撑下，通过其具有的多感知性、沉浸感、交互性三个特性，虚拟现实设计艺术能以一种简洁、自然的方式与设计对象进行互动，设计者和欣赏者能够“身临其境”于艺术作品所营造的虚拟空间之中。如图 7-4 所示为一种称为 Morphogenesis 的虚拟现实艺术装置，它给观看者展示了一种听觉和视觉体验，将自然现象演变为自发的系统。旧金山的艺术家们将 Morphogenesis 形容为“数字和物理宇宙的视听之旅”。“Morphogenesis”这个词在科学上是用来描述生物体的过程，从胚胎状态发展成一个独特和特有的个体。艺术家们使用高画质显示屏和虚拟现实技术将概念转化为体验。Morphogenesis 从人体工学的角度，设计了一个类似穹顶的身临其境的半圆顶显示器，使用三星 Gear 虚拟现实眼镜来提供千变万化的几何图案，最终合并成复杂形式的身临其境的空间。

图 7-4　Morphogenesis 虚拟现实艺术装置

虚拟现实艺术要尽量使用人类自然的交互方式。虚拟现实设计艺术让设计师和欣赏者身临其境地设计和欣赏艺术设计作品，甚至包括触觉、嗅觉、味觉等人类自然的感官信息，实现高度真实感的交互感官体验。正是这一特征，突出虚拟现实设计艺术的价值，并实现了人类设计艺术和欣赏观念的一次革命。

（二）欲望释放规律

欲望是创造的源泉。生活中充满了欲望，当这些欲望被客观的物质条件、人自身的身体条件以及理性的社会规则所限制的时候，人们会寻找一种消解欲望的方式。虚拟现实艺术正是缘于人们对欲望“需要”的不满足，在虚拟现实技术的支撑下才产生和发展起来的，并用于满足人的欲望。可以说，虚拟现实艺术是这种欲望的巨大载体，它在欲望的推动下产生，将欲望的客体再现于独特的艺术空间和作品之中，并以独特的感知方式替代性、多层次地满足了人们的欲望，同时又激发出人们更深的欲望。

虚拟现实艺术的欲望释放规律，一是创造抽象的虚拟空间。从内容的角度看，虚拟现实艺术的影像内容虽然源于现实生活，但并不是对事物的简单再现，而是经过创作者的加工，抽象性地表现出来的。虚拟现实艺术创作者把现实事物抽象为虚拟景观，用这些人造空间代替人所未知、人体不可企及又极度向往的空间，从而打破时空对视觉欲望的限制。艺术家的无意识欲望会在作品中留下踪迹，对作品造成一定的影响。由这个观点出发，我们可以认为这种内容上的抽象不仅仅是创作者实现作品目的的手段，更是其潜意识欲望的流露，充分表述了创作者的视觉欲望。如图 7-5 所示为电影《阿凡达》中的场景，很难说这样的场景不是来自创作者本身对未知外星世界的向往。

图 7-5　《阿凡达》

二是设定观众体验的方式。观众对虚拟现实艺术的体验过程就是其视觉欲望的表述过程，其实观众的愉悦来自这种视觉欲望的满足。虚拟现实艺术由影像、场地和观众三部分组成，也就是说没有观众的接受，任何一个作品都会失去其存在的意义，出于这一点，创作过程中首先要考虑的就是观众的喜好，设定独特的体验方式，通过时空方位的变化以及动作、姿势、凝视、呼吸甚至面部表情来操控和激活作品，控制作品的变化，满足观看者跨越时空、升华欲望的需求。以虚拟现实戏剧为例，通过引入虚拟现实技术，重构了舞台空间，模糊了演员与观众的身份设置，将舞台空间衍生至观众席，观众能和演员在舞台空间中自由移动甚至影响剧情，使观众的体验达到了新的高度。图 7-6 是 VR 舞台剧《过失杀人》，分别设置了售卖枪支的商店、餐厅、卧室、音乐舞台四个场景并同时上演，观众可以自由决定观看哪一边的场景。发生主要情节线索的场景会由蓝色光标指引，这样既适应传统观影感受，又给予了观众一定的自主性，加上声音效果可以根据视角方向来调整，在多舞台体验上，《过失杀人》确实发挥了 VR 戏剧的优越性。

图 7-6　VR 舞台剧《过失杀人》

三是寻求人类的自然体验状态。人类观看影像、影视、绘画等艺术形式时自然状态的丢失，源于影像与人类在物理层面的隔离，而这种隔离直接造成了人类视觉和听觉以外感官的被“截肢”，由此出发，虚拟现实艺术创作中，需要尽量采用多感官感受方式，实现人类各感官之间关系的自然状态的回归。当参与者置身于虚拟环境中时，其感觉系统以一种与在真实环境中相同的方式处理来自虚拟世界的视觉和其他感知数据，就像处理一般感知数据一样。从而使观看者在虚拟的空间中不受任何限制、自由自在地欣赏作品，达到欲望的满足。

（三）虚实结合规律

艺术发展到今天，从呈现形式来看主要分为两种：一种是传统朴实的实体艺术形式，如雕塑、绘画、纪实影片等；另外一种是互联网技术影响下的虚像艺术形式，如数字绘画、交互装置、虚拟现实影像技术等。在艺术变迁的历程中虚实始终相生相伴。就实体艺术形式与虚拟艺术形式来看，两者在价值体现上没有高低贵贱，所不同的是艺术的承载形式，人类的情感审美与感官体验上都是可以得到满足的。中国古代的艺术经典强调虚中有实，实中有虚，两者相互补充、相互融合、相互提供创作土壤，互相得以补充和满足。虚拟现实艺术是虚实结合的最好范例，以现实世界为蓝本，用数字建模、远程再现、情感渗透、非物质连接等虚拟现实技术手段来打造一个全新的虚拟空间，使人们看到虚拟对象的外在形象与内在本质都与存在的客观世界无异。虚拟现实艺术把人们从传统的物理世界中解放出来，将真实世界和虚拟世界融合在一起，成为人类生活的一部分。因此，在虚拟现实艺术创作过程中，应用虚实积极转化的态度，把握好客观与主观、当前与未来的关系，通过虚拟现实艺术语言呈现作品情景、表达情感、重塑人与世界的情感关系，使人们不断从新技术中找到当代艺术审美的价值。

（四）与时俱进规律

艺术的本质在于“创新”，没有创新，艺术就失去了意义。在人类科技飞速发展的时代背景下，虚拟现实的内涵更加丰富、变化更加迅速。虚拟现实艺术的设计主题和创作者也应与时俱进、不断创新。这里的创新并不仅是新技术的采用，也是设计思路的创新，使用方式的创新，使人们的虚拟生活更加合理和美好的创新。创作者应以一种新的态度来看待这种新兴的数字艺术设计方式，以更科学的手段进行创新，实施设计，思考未来的挑战，并用最高效的方式为市场和大众服务。未来随着技术的发展，虚拟现实艺术的理念、元素、过程、手段等将不断发生变化，其创新也将不断持续下去。

第八堂课　虚拟现实标准规范

一、建设思路

二、建设内容

三、当前进展

虚拟现实不仅是一个完整的技术体系，还是一个极具市场潜力的战略新兴产业，其推广和应用将对未来社会生活和传统产业产生颠覆性影响。虚拟现实产业发展强劲，仅以头盔显示器为例，2016 年全球出货量就达 1 280 万台。扩张行业规模与市场速度暴涨的同时，不可避免地出现了一些问题，包括硬件产品形态各异、关键参数模糊不明，体验感差、舒适感差，设备之间无法互联互通，虚拟现实内容稀缺、制作成本过高，内容呈现方式多样，数据量庞大、实时网络传输困难等，这些问题成为制约虚拟现实大规模产业应用的关键因素。在“逐利”的本质驱动下，产业活跃着大量概念炒作、混淆视听者，整个产业链发展就像带着锁链在跳舞，其主要原因在于目前虚拟现实产业标准规范严重缺失，影响了虚拟产业的快速健康发展。

标准问题已经引起了国际各方的关注，目前国际上已经开展相关标准化活动的有 ISO/IECJTC1/SC24（国际标准化组织/国际电工委员会第 1 联合技术委员会第 24 分委会：计算机图形、图像处理和环境数据表示）以及 ISO/IECJTC1/SC29（国际标准化组织/国际电工委员会第 1 联合技术委员会第 29 分委会：音频、图像、多媒体和超媒体信息），SC24 和 SC29 建立了联合工作机制，共同推动增强现实连续统一体概念及参考模型（ARC）的相关标准，另外，也有大公司和一些非官方的组织在考虑虚拟现实的标准化问题，例如，谷歌、微软等科技巨头通过培养 VR 产业生态加强在 VR 标准领域的影响。

国内方面，音视频编码标准（Audio Video coding Standard，AVS）工作组已启动虚拟现实音视频编解码技术研发，吸引了北京大学、清华大学、中国科学技术大学等科研院校及华为、腾讯、乐视、爱奇艺、暴风等知名企业，共同就虚拟现实内容表示、虚拟现实内容生成与制作、虚拟现实内容编码、虚拟现实交互、虚拟现实内容存储、虚拟现实内容分发和虚拟现实显示等关键技术进行探讨，有望推出我国自主知识产权的 AVS 虚拟现实标准。但总体上，我国在虚拟现实和增强现实软硬件标准上还有较大差距，应尽快启动虚拟现实标准化工作研究，建立虚拟现实技术标准体系，规范行业发展。本节课主要介绍虚拟现实标准规范的建设思路、内容与路径等。

一、建设思路

标准体系是一定范围内的标准按其内在联系形成的有机整体，也可以说标准体系是一种由标准组成的系统。按照目前我国现行的《中华人民共和国标准化法》对标准体系层级的划分，虚拟现实标准体系属典型的行业标准体系，是虚拟现实产业发展一项重要的基础性工作，具有重要的保障和引领作用。

虚拟现实标准体系按照“三步法”原则建设完成。

第一步，通过研究各类虚拟现实应用系统，提取其共性抽象特征，构建由生命周期、系统层级和功能体验组成的三维虚拟现实系统架构，从而界定虚拟现实标准化的内涵和外延，识别虚拟现实现有和缺失的标准，认知现有标准间的交叉重叠关系。

第二步，在深入分析标准化需求的基础上，综合虚拟现实系统架构各维度逻辑关系，将虚拟现实系统架构的生命周期维度和系统层级维度组成的平面自上而下依次映射到功能体验维度的五个层级，形成芯片配件、硬件设备、软件工具、内容制作、行业应用等五类关键技术标准，与基础共性标准和重点行业标准共同构成虚拟现实标准体系结构。

第三步，对虚拟现实标准体系结构分解细化，进而建立虚拟现实标准体系框架，指导虚拟现实标准体系建设及相关标准立项工作。

（一）虚拟现实系统架构

虚拟现实系统架构通过生命周期、系统层级和功能体验三个维度构建完成，可形式化表示为：系统架构＝{生命周期，系统层级，功能体验}，主要解决虚拟现实标准体系结构和框架的建模研究，如图 8-1 所示。

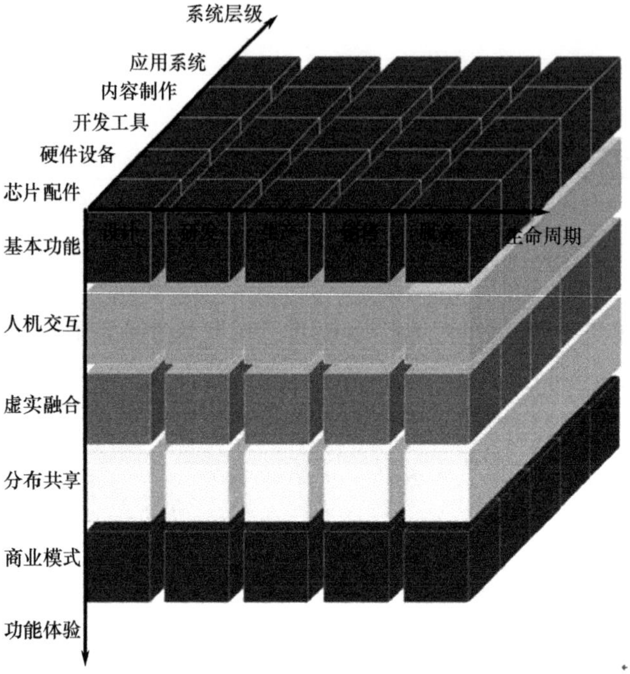

图 8-1　虚拟现实系统架构

1. 生命周期

生命周期是由设计、研发、生产、销售、服务等一系列相互联系的价值创造活动组成的链式集合，可形式化为：生命周期＝{设计，研发，生产，销售，服务}。生命周期中各项活动相互关联、相互影响。

2. 系统层级

系统层级自下而上共五层，可形式化为：系统层级＝{芯片配件，硬件设备，软件工具，内容制作，行业应用}。虚拟现实系统层级体现了虚拟现实产业生态的复杂性和层次性。

（1）芯片配件层级包括主控芯片、GPU 芯片、RFID 芯片、高清视频编解码芯片、高性能显卡、惯性传感器、速度/加速度传感性、各种视觉/听觉/触觉/力觉传感器、定位器、机械设备电动/液压配件等，是支撑虚拟现实系统研发应用的最底层的物质技术基础。

（2）硬件设备层级包括头盔显示器、VR 一体机、数据手套、数据衣、人体运动捕捉、眼动仪、三维扫描仪、视音频设备等。

（3）开发工具层级包括视频采集、三维重建、投影拼接、物理反馈、三维建模、图形渲染、开发工具等软件工具。

（4）内容制作层级实现三维建模、全景照片、VR 视频、VR 电影、VR 游戏、VR 新闻、VR 直播等虚拟现实内容。

（5）应用系统层级由各行业不同应用领域根据特定需求进行虚拟现实系统的设计研发和传播应用。

3．功能体验

用户体验指以用户为中心，满足 VR 系统 3I（沉浸、交互、构想）特点的所有 VR 系统要素或产品的体验，包括基本功能体验、人机交互体验、虚实融合体验、分布共享体验和商业模式体验等五层，可形式化为：功能体验＝{基本功能体验，人机交互体验，虚实融合体验，分布共享体验，商业模式体验}。

（1）基本功能体验是指用户使用包括三维模型、全景照片、VR 视频/素材、VR 外设产品、VR 设计文案/文档在内的内容或 VR 应用集成系统时对其基本功能的认知和体验。

（2）人机交互体验是用户使用各类 VR 输入/输出设备时所形成的操作复杂度、舒适度等体验，由于“眩晕症”的问题，这类体验受到了很大重视。

（3）虚实融合体验是指随着技术的发展实现虚实融合交互的 MR，以提供用户更好的沉浸感体验。

（4）分布共享体验是指通过有线、无线等通信技术将分布在不同地域的虚拟现实系统连接起来，实现分布式的虚拟环境，用户可以在这个分布式虚拟环境中达成人与系统、人与人之间的交互体验。

（5）商业模式体验包括线上的 APP 商店、分发网站、网上影院、VR 社交网站、众筹平台和线下的 VR 体验店、主题公园等商业和服务模式。

（二）虚拟现实标准体系结构

虚拟现实标准体系结构包括“基础共性层”、“关键技术层”、“内容制作与系统研发层”、“用户体验层”及“行业应用层”等五个主要组成部分，它主要反映标准体系各组成部分间的相互关系。虚拟现实标准体系结构图如图 8-2 所示。

具体而言，基础共性层包括基础技术、安全与可靠性、行业管理、检测评价和媒体传播等五部分，位于虚拟现实标准体系结构图的最底层，其研究的基础共性标准支撑着标准体系结构。关键技术层又分为芯片配件、硬件设备、软件工具三部分。内容制作与系统研发层位于整个标准体系结构的中间，与虚拟现实系统研发应用联系最为紧密，在标准体系框架中起到承上启下的作用。功能体验层和行业应用层位于标准体系的上层，面向用户和行业的具体需求，对基础共性标准、关键技术标准和内容制作与系统研发进行细化和落地，指导推进虚拟现实产业发展和在各行为推广应用。

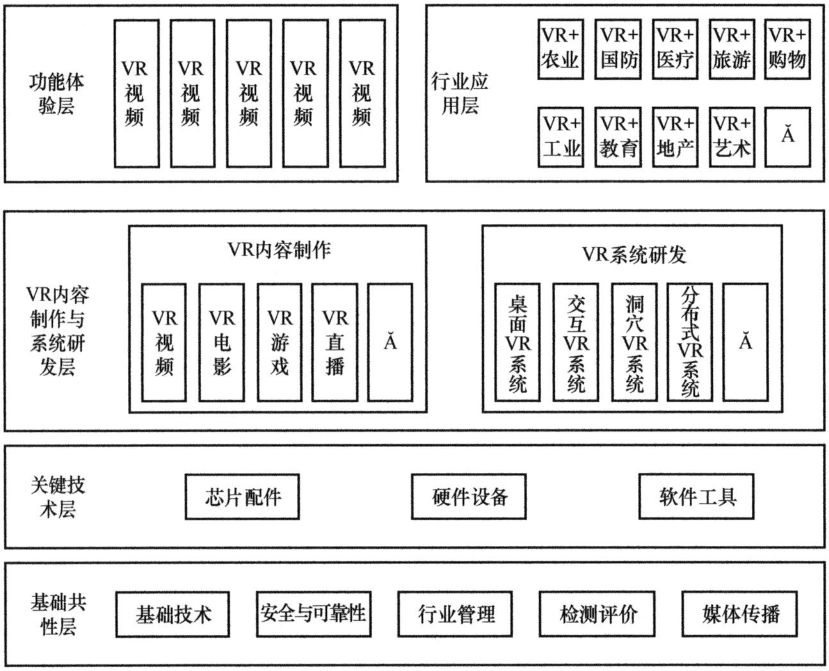

图 8-2 虚拟现实标准体系结构图

（三）虚拟现实标准体系框架

标准体系框架主要反映标准体系的总体组成类别和层次结构关系，是对标准体系的概括。虚拟现实标准体系框架由虚拟现实标准体系结构向下映射而成，是形成虚拟现实标准体系的基本组成单元，如图 8-3 所示。

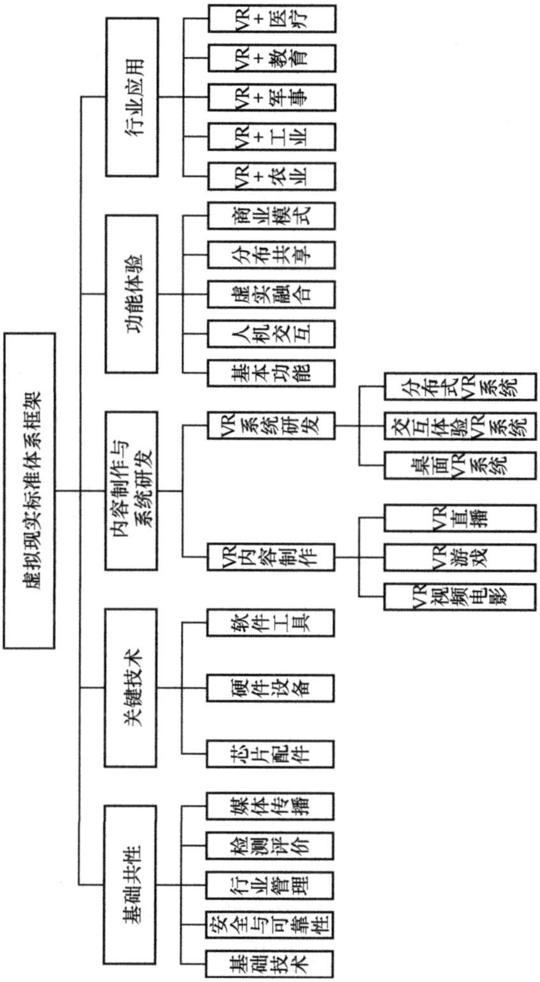

图 8-3　虚拟现实标准体系框架

二、建设内容

（一）基础共性标准

基础共性标准主要包括基础技术、安全与可靠性、行业管理、检测评价和媒体传播等五个部分。

1. 基础技术标准

基础技术标准主要包括术语定义、参考模型、元数据与数据字典、标识等四个部分。

术语定义标准用于统一虚拟现实相关概念，为其他各部分标准的制定提供支撑；参考模型标准用于帮助各方认识和理解虚拟现实标准化的对象、边界、各部分的层级关系和内在联系；元数据和数据字典标准用于规定虚拟现实产品设计、研发、传播、应用等环节涉及的元数据命名规则、数据格式、数据模型、数据元素和注册要求、数据字典建立方法，为虚拟现实各环节产生的数据集成、交互共享奠定基础；标识标准用于对虚拟现实中各类对象进行唯一标识与解析，建设既与企业已有的标识编码系统兼容，又能满足虚拟现实发展前瞻要求的虚拟现实标识体系。

2. 安全与可靠性标准

安全标准主要包括功能安全和信息安全两个部分。功能安全标准用于保证安全控制系统在危险发生时正确地执行其安全功能，从而避免因设备故障或系统功能失效而导致人身伤害、环境破坏及经济损失，主要包括功能安全要求和功能安全实施和管理等两个部分。信息安全标准用于保证信息系统不因偶然的或者恶意的原因而遭到破坏、更改、泄露，系统能连续可靠正常地运行，主要包括软件安全、设备信息安全、网络信息安全、数据安全、信息安全防护等五个部分。

可靠性标准主要包括过程和技术方法两个部分。过程标准用于对虚拟现实系统可靠性要求、风险管理和寿命费用的分析，主要包括虚拟现实系统可靠性管理、虚拟现实装备故障预测及健康管理和虚拟现实系统综合保障等三个部分。技术方法标准用于指导虚拟现实系统可靠性分析评估和智能装备可靠性设计及试验验证。

3．行业管理标准

行业管理标准主要包括虚拟现实产业管理体系和行业虚拟现实应用管理体系两个部分，主要由相关国家法规、地方行业发展措施规定、产业联盟发布的指导意见等。

虚拟现实产业管理体系标准用于根据虚拟现实产业发展的特点和需求，聚焦制造关键环节，制定虚拟现实产业管理标准。行业虚拟现实应用管理体系标准用于指导相关行业建立创新机制，通过虚拟现实技术引入和应用进行技术升级改造，以保持可持续竞争优势，主要包括要求、基础和术语、实施指南、评估规范、审核指南等五个部分。

4．检测评价标准

检测评价标准主要包括测试项目、测试方法、测试设备、指标体系、评价方法、实施指南等六个部分。

测试项目标准用于指导虚拟现实设备和系统在测试过程中的科学排序和有效管理。测试方法标准用于针对不同类型的虚拟现实装备和系统，制定包括试验内容、方式、步骤、过程、计算分析等内容的标准。测试设备标准用于保证虚拟现实装备质量和系统测试过程中，测试设备的稳定运行和测试指标的精准可靠。指标体系标准用于对各虚拟现实应用领域、应用企业和应用项目开展评估，促进企业不断提升虚拟现实水平。评价方法标准用于指导虚拟现实企业开展项目评价，制定虚拟现实评价指标体系。实施指南标准用于指导虚拟现实项目评价过程中开展具体实施工作。

5．媒体传播标准

鉴于虚拟现实内容是一种新兴的传播媒介，还应按照国家法律法规对相关传播媒介的选择、速度、效果及经济性指标进行规范，以满足行业发展的需求。

（二）关键技术标准

关键技术标准主要包括芯片配件、硬件设备、软件工具三部分。

1. 芯片配件标准

由主控芯片、GPU 芯片、RFID 芯片、高清视频编解码芯片、高性能显卡、惯性传感器、速度/加速度传感性、各种视觉/听觉/触觉/力觉传感器、定位器、机械设备电动/液压配件等相关标准组成。以 GPU 芯片为例，要求性能每秒必须达到 3 亿的三角形输出率才符合入门级别 VR 产品的要求。

2. 硬件设备标准

由头盔显示器、VR 一体机、数据手套、数据衣、人体运动捕捉、眼动仪、三维扫描仪、视音频设备等相关标准组成。以头盔显示器为例，除考虑重量、尺寸、光学参数、显示器元件参数、接口参数等整体性能参数以外，还应考虑设备成本、设备可获得性、创新度、空间利用度、扩展性、二次开发能力等指标参数。

3. 软件工具标准

由视频采集、三维重建、投影拼接、物理反馈、三维建模、图形渲染、开发工具等相关标准组成。由图形渲染引擎为例，主要考虑是否开源、运行帧率、复杂场景测试要素、多屏绘制等性能参数。

（三）内容制作与系统研发标准

由三维建模、全景照片、VR 视频、VR 电影、VR 游戏、VR 新闻、VR 直播、VR 系统研发等相关组成。

在内容制作方面，以三维建模为例，考虑模型制作规范、模型命名、层次模型、材质和贴图类型、贴图的文件格式和尺寸等指标。

在虚拟现实系统研发方面，VR 系统的设计与研发应选择合理的设计顺序和方案，多通道虚拟现实系统搭建步骤包括任务分析、确定系统类型和参数、选择硬件配置、搭建硬件平台、硬件调试、软（硬）件几何校正、区域融合（亮度、色度校正）、其他设备调试、工程应用等若干环节，还应注意规范使用、安全使用、日常维护等问题。

（四）用户体验标准

包括基本功能体验、人机交互体验、虚实融合体验、分布共享体验和服务模式体验等五个部分。

1. 基本功能体验

基本功能体验标准用来衡量用户使用虚拟现实系统对其基本功能的满意程度，主要来源于功能测试结果和用户在情感、信仰、喜好、认知印象、生理和心理反应行为上的感受。

2. 人机交互体验

人机交互体验标准是用户在使用VR系统尤其是VR设备进行交互时所需要的视觉、听觉、触觉、力学等生理反应参数和动作捕捉、手势识别、方向追踪等性能参数，以及对交互操作的复杂度、舒适度、符合自然交互的程度等的衡量。例如，在视觉交互上形成的低于20ms延时、75Hz以上屏幕刷新率等指标。

3. 虚实融合体验

虚实融合体验主要是针对AR和MR系统，主要涉及实时跟踪的速度和精度、三维注册精度、光照一致性、深度一致性等参数。规范AR和MR系统的相关标准，有利于为用户提供更好的体验。

4. 分布共享体验

分布共享体验针对分布式虚拟现实系统，主要指标包括网络传输速率、延时、时空一致性等指标。

5. 商业服务体验

目前，绝大部分虚拟现实系统直接面向普通消费者，因此非常适合发展体验式商业服务模式，如VR影视、VR购物等。商业服务体验标准主要考虑服务定位的精准性，服务体验场所的建筑形态、装潢布置、产品陈列的视觉冲击力、美感，服务内容的特色性、文化性等指标。

（五）行业应用标准

依据基础共性标准和关键技术标准，围绕国家和行业提出的虚拟现实产业发展政策措施所提出的重点应用领域，优先在工业设计制造、农业、国防、教育、医疗等行业率先实现突破，并逐步扩展覆盖各行业应用领域，主要建设内容是结合本行业发展需求，制定重点行业的虚拟现实应用标准。虚拟现实行业应用标准与行业本身标准体系之间不是从属关系，内容存在交集。例如，工业领域虚拟现实技术应用标准体系用于指导工业相关装备、产品在设计、制造、试验、维修和工程建设等领域应用虚拟现实技术进行系统研发、产品嵌入、技术改造等相关的内容。

三、当前进展

当前，虚拟现实标准体系建设还面临四大挑战：

一是VR还处于发展初期，没有形成产业生态，内容制作、交互方式、硬件规格还在不断演进当中，现在做标准比较超前。以VR头盔为例，其舒适度感知因人而异，受个人主观心理和生理因素影响很大，VR标准不一定能够满足不同用户体验的最低要求。但头盔标准只能从技术参数和测试方面去设定，无法完全保证VR体验。

二是VR技术处于百家争鸣的阶段，以空间定位技术为例，有的厂商采用红外定位方案，精确度高，但是过于昂贵；有的厂商采用激光定位方案，精度比较高，但安装比较烦琐；还有的厂商采用可见光定位方案，虽然廉价，但限制因素较多，室内光线不能太强，否则对定位有影响。各个厂商空间定位技术方案不一样，很难制定硬件规格。

三是VR标准技术指标的科学性存在争议。对于标准中明确的技术指标，需要通过试验研究的方式，反复论证指标是否科学，同时，市场的实际情况也是需要考虑的一个实际因素。

四是制标只是VR标准建设的第一步，还需要长期的验标、用标和推广的过程。

但是，即使有以上问题，虚拟现实学术界和产业界仍积极开展标准化工作，并取得了一定成效。2016年8月召开的第30届ISO/IEC JTC1/SC24（计算机图形图像处理及环境数据表示分技术委员会）全会及工作组会议上，提交了《Virtual Human Interaction（虚拟人体交互）》、《Test Automation Framework For VR（VR 自动化测试框架）》两项标准，改变了我国在虚拟现实国际标准化领域处于空白的现状，扩大我国在虚拟现实国际标准化领域内的影响力和号召力。目前，工业和信息化部中国电子技术标准化研究院和新华网已启动了“虚拟现实/增强现实（VR/AR）国家及行业标准征集平台”项目，面向全社会征集虚拟现实和增强现实国家及行业标准。

总之，虚拟现实标准体系建设是一项复杂的系统工程，不可能一蹴而就。因此，需要运用系统的分析方法对虚拟现实标准化对象及其相关要素所形成的系统进行整体标准化研究，在此基础上，坚持理论与实际应用相结合，采取试点、评估、优化、推广、反馈的工作方式，通过不断的闭环迭代，逐步形成适合我国国情的虚拟现实标准体系，引领虚拟现实产业及其相关战略新兴产业健康发展。

第九堂课　虚拟现实产业发展

一、产业链分析

二、主要厂商和产品

三、商业模式

虚拟现实产业是前沿高新技术的产业化，是具有巨大潜力的新兴产业。以 2014 年 Facebook20 亿美金收购 Oculus 为标志，虚拟现实产业化在全球迅速铺开。有机构统计，2015 年全球虚拟现实和增强现实两大领域共吸引风险投资 6.86 亿美元；从中国的情况来看，2014—2015 年两年之间，虚拟现实领域共吸引风险投资 21.26 亿元。2016 年 3 月国家“十三五”规划纲要明确提出：大力支持虚拟现实（VR）等新兴前沿领域创新和产业化，这是“虚拟现实”首次出现在国家规划中。在经济新常态下，促进虚拟现实产业成长升级，构筑完整的产业链，有助于提升技术水平，形成我国虚拟现实产业的核心竞争力，抢占未来竞争制高点。

一、产业链分析

图 9-1 是虚拟现实产业链全景，包括硬件、软件、应用和服务几部分。

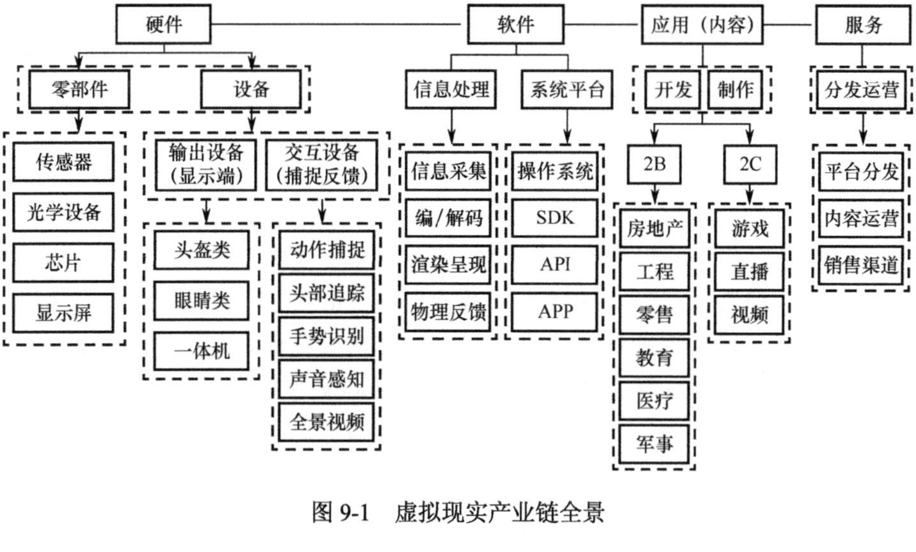

图 9-1　虚拟现实产业链全景

零部件主要包括传感器、光学设备、芯片和显示屏，其中传感器是人机交互的核心，主要用于追踪动作，包括 FOV 深度传感器、摄像头、陀螺仪、加速计、磁力计和近距离传感器等；光学设备主要指以镜片为核心构成的光学成像系统，芯片是保证VR运算能力和流畅度的核心。设备分为两部分，输出设备和交互设备。输出设备，即显示端，包括头盔类、眼镜类和一体机；交互设备即捕捉反馈，对空间沉浸感、稳定性、低延时、多方位反馈、兼容性等提出较高要求。软件主要包括嵌入VR设备的信息处理部分和运行在VR设备上的系统平台部分。信息处理部分主要负责信息的采集、VR图像的编解码、图像渲染呈现和反馈；系统平台部分包括VR设备的操作系统、软件开发用的API和SDK，还包括相关的应用程序。虚拟现实的应用需求可分为企业级和消费级两种，2C应用是最贴近市场的应用，也是最容易推动市场火爆发展的驱动力；而2B应用则需要靠企业、政府等多方面市场主体共同推动，但这部分应用也将推动VR与众多行业形成联动效应，为整个社会生产方式带来变革式的影响。虚拟现实产业链涵盖多个细分领域，内容制作与分发平台占据产业链节点位置。相对于VR硬件的一次性收费，以VR内容服务为核心的盈利模式更具想象空间。分发运营有线上和线下两种模式，线上主要是APP、游戏下载、视频点播和广告导入等形式；线下主要是体验店、游乐园等，此类VR体验活动发展态势良好。

目前，沿产业链布局，技术支撑厂商、内容制作厂商、渠道服务方、衍生服务方、垂直应用领域和用户所形成的VR产业生态已初具规模，呈现出高速发展的态势（图9-2）。据统计，2015年我国虚拟现实产业市场规模为15.4亿元，预计今年可达到56.6亿元，增长率高达268.3%，到2020年整个虚拟现实产业市场规模可达到556.3亿元，发展潜力巨大。但是在VR产业高速发展的同时，还存在一些突出问题，如下所述。

（1）目前我国虚拟现实企业主要是围绕虚拟现实技术进行软硬件的开发和生产，初创企业多、规模小、增长迅速、潜力巨大。近几年，虚拟现实技术逐渐成熟，软硬件性能提高，市场需求被激活，同时社会经济发展推动了新兴产业的发展。高盛、微软和Facebook等投资巨头、科技巨头纷纷进入虚拟现实领域，推动虚拟现实技术商业化。我国在“十三五”规划中明确提出支持虚拟现实等新兴产业的发展。在利好政策的推动下，国内涌现出大批虚拟现实企业和项目团队，但大部分虚拟现实企业和项目仍处于初创阶段。

图 9-2　VR 产业生态

（2）产业链尚不完整，缺乏核心技术专利，GPU、传感器等核心零部件的研究基础薄弱，对国外高技术企业依赖程度高。我国虚拟现实企业主要从终端设备、内容等产业链中下游环节进入产业布局，开发生产终端硬件设备和消费内容，缺乏核心零部件、软件等环节。尤其是显示设备领域，国内企业以暴风魔镜为代表，生产出售 VR 眼镜等显示设备；在内容开发上，集中在游戏和影视等娱乐方面。少数企业涉及核心环节开发，但投入低、规模小，与国外企业相比，竞争力不足，容易在全球虚拟现实产业链中进入中低端锁定的困境，失去国际竞争力和产业话语权。

（3）虚拟现实产品的用户规模小，硬件设备成本高，产品价格与消费需求不匹配，市场普及面窄，不乏廉价劣质山寨品。虚拟现实产品消费在目前的消费水平下属于中高端消费，应用范围小，主要集中在影音游戏领域，用户普及度低且规模较小。据中国 VR 产业发展研究报告课题组的《中国 VR 用户行为调查》显示，2015 年购买过虚拟现实产品的用户只有 96 万人，大部分用户倾向于购买 VR 眼镜，可见移动 VR 是未来主要发展趋势。但个别企业和团队为了尽快布局产业，忽视消费者体验和产品质量，生产廉价劣质的低端山寨品，打着虚拟现实的旗号炒作概念，缺乏真正的技术，更没有详细的产品标准，这种行为不仅威胁到消费者的安全，使消费者获得较差的体验，还会影响优秀企业发展，出现“劣币驱逐良币”的恶劣现象，对整个产业造成实际伤害。

（4）知识产权保护乏力，产品同质化严重。影视、游戏、动漫是 VR 内容制作的突破口，在技术、投入、拍摄模式等瓶颈限制下，这些VR内容需要极大的投入。当前，我国知识产权方面普法力度不够、民众法律意识不强、执法机关执法不严，致使内容创造者的权益得不到有效保障。知识产权拥有者难以通过法律保障自己的合法权益，导致某一个内容项目流行起来后，大量抄袭模仿的内容项目涌现，产品出现同质化。优秀内容服务的缺乏，难以激活和满足消费者的需求，不利于虚拟现实产业的良性发展。

（5）缺乏适合VR产业发展的成型商业模式。目前我国虚拟现实技术商业化变现的模式主要有两种，一种是企业生产出售终端设备，如头盔、眼镜盒子等，线上对体验内容收费；另一种是线下虚拟现实体验馆（点），提供眼镜、头盔和摇椅等设备，顾客单次付费体验，主要是影音和游戏，更多属于产品推广。由于我国消费者对平台内容付费的消费意识不强，商业化模式的盈利点少，许多虚拟现实企业生存困难，阻碍了产业的创业创新。

二、主要厂商和产品

1. OculusRift（VR头盔）

OculusRift是虚拟现实行业的先行者和风向标，其推出的消费者版的OculusRiftCV1已正式预售，该产品在硬件方面做出改进：首先，显示器的分辨率进一步提升，为每只眼镜1200×1080像素，采用OLED材质，显示效果更出众；其次，机身体积相比上一代产品质量更轻，还拥有可拆卸的耳机可固定在显示器上；第三，系统支持六轴运动系统，并拥有一个直立式外置摄像头，用于监测并捕捉用户运动。此外，产品还附带一个XboxOne手柄、Oculus遥控器、Oculus感应器和麦克风还搭配新型控制器，支持自然手势控制，支持虚幻引擎4和统一平台。

2. HTC（VR头盔）

中国台湾智能手机制造商HTC公司发布Vive虚拟现实头盔，布局虚拟现实市场。HTC于2016CES展会上展示了第二代虚拟现实版本VIVEPre，该产品在 HTCVIVE 的基础上进行了许多改进，是目前整个虚拟现实行业里沉浸感体验较好的设备之一。

3．三星（手机 VR 头盔）

三星去年 12 月推出的新款 GearVR，配备 OculusVR 耳机消费版的 GearVR 能够与 4 个型号的三星手机配合使用——GalaxyS6，GalaxyS6Edge，GalaxyNote5，GalaxyS6edge+，实现了足够多的手机支持。在 CES 发布会上三星还为其配备了 360°全景 VR 摄像机，摄像机在 8 方向配备 18 个摄像头，能拍下全视角画面，拍出的画面能实时传输至 GearVR 上观看。

4．微软 HoloLens（AR 头盔）

在 Build2016 大会上，微软正式宣布推出增强现实头盔 HoloLens。E3 大会期间展示了在 HoloLens 上玩沙盒游戏《我的世界》的场景。同时，HoloLens 的独特性在于它本身就是一台独立计算机，拥有自己的 CPU 和 GPU 和全息处理单元。根据在 E3 上的演示，HoloLens 应已接近准备上市的阶段。

5．索尼 Morpheus（VR 头盔）

索尼于 2015 年 3 月推出 Morpheus（睡梦之神）头盔，于 2016 年下半年发售。该产品拥有 5.7 英寸、分辨率达 1920 像素×1080 像素的 OLED 显示屏，100Hz 的刷新率以及 100°的可视范围。此款 VR 设备可与 PSMove 配合使用，不过该设备更像是一款专为 PS4 玩家打造的虚拟 VR 头戴设备。

6．蚁视（VR 头盔）

2016 年 CES 展上发布了蚁视二代虚拟现实头盔 Cyclop，其原型机单眼分辨率为 1280 像素×1440 像素，成像效果优质。视场角达到 110°，屏幕刷新率为 90Hz。能有效地控制畸变，实现更大视角的无畸变成像。它配备自主研发的位置追踪系统，能无限扩展位置追踪的空间，不受范围限制特点。另外，蚁视和联想合作将共同发布双品牌产品——乐檬蚁视 VR 眼镜，也于 2016 下半年推出。

7．深圳 3Glasses（VR 头盔和一体机）

深圳公司 3Glasses 继 3GlassesD1 开发者版、3GlassesD2 开拓者版之后，在 CES 展会上又正式发布了前沿 VR 技术的蓝铂系列产品，包括新增了 PC

类有线版蓝铂 S1，还新增了一款无线版（一体机）蓝铂 W1。作为继 Oculus，SONY，HTC 之后获得 EpicGames 内容合作的 VR 厂商，3Glasses 不仅带来了全新的下一代产品展示，还准备了十多款 VR 内容。

8. 乐相大朋（一体机）

在 CES2016 展会上，乐相大朋 VR 推出 VR 一体机 M2。M2 采用了三星的 OLED 屏幕，M2 的像素点转换时间会被控制在 1ms 以内。大朋公司还完成了 SDK 创新，实现多平台兼容，解决了很多制约 VR 开发者应用的难题，包括异步时间卷曲、畸变矫正、陀螺仪漂移矫正等技术问题。

9. 乐视（手机 VR 头盔）

2016 年，乐视在 VR 内容制作上与国外及香港地区的数家公司达成合作意向，包括英国 HappyFinish、新加坡 Hiverlab、香港地区 SalonFilm、DigitalMagic 以及韩国 Mooovr 公司。乐视还展示了不久前发布的首款终端硬件产品——手机式 VR 头盔 LeVRCOOL1，搭载独有的 EUIVR 版操作系统，同时搭配乐视超级手机，配合手机端 VR 内容应用乐视界。

10. 兰亭数字

兰亭数字是一家专注于 VR 影像内容领域的数字公司，致力于 VR 影像内容的创新与实现。兰亭数字于 2015 年打造了中国首部 VR 电影《活到最后》、首部 VR 版 MV《敢不敢》、国内首部 VR 版对战真人秀《荣誉之战》等，在 VR 直播方面曾为李宇春成都演唱会进行 VR 直播拍摄。兰亭数字创始人庄继顺表示，2016 年公司重点关注娱乐、直播、旅游和新闻四个方面的 VR 内容。

11. 乐客 VR

北京乐客灵境科技有限公司，简称乐客 VR。乐客 VR 主要为 VR 线下体验馆提供外设硬件的统一控制系统和内容集成，通过乐客的 VRLe 内容分发平台，把内容分发到 VR 体验馆，并与内容制作者、体验店合作分成，为 VR 内容开发团队打通变现渠道。乐客已经集成的硬件设备包括 VR 雪竞、VR 骑士、VR 动感影院、动感赛车、交互式 VR 竞技、VR 跑步机、VR 空间定位探索等。目前乐客 VR 分发内容达数十款，服务全国近 1000 家 VR 体验店。乐客体验式消费的商业模式是目前早期 VR 少见的较为成熟能够赚钱的商业模式，也是被客户较容易接受的。硬件的快速搭台，让好的内容成为稀缺资源。而内容的重要性目前更加突显出来，大部分内容制作公司的产品也逐渐投入市场，而乐客 VR 作为优秀线下内容分发平台在 VR 行业中起着至关重要的作用，具有较好的前景。

12. 锐扬科技

锐扬科技是一个典型的做 B 端应用的企业。锐扬的 RayHome 作为 VR+家居的产品，已经很好地投入实际应用之中。其产品受众人群为家居设计师及各大卖场，可以通过虚拟现实技术，利用产品的三维数据，快速、准确地呈现各种产品选型方案的视觉化效果，同时也可以向潜在客户便捷地展示产品的各种选配方案，以满足客户的个性化需求。

三、商业模式

商业模式的概念出现于 20 世纪 50 年代，兴起于 90 年代。管理学大师彼得·德鲁克说过“当今企业间的竞争，不是产品的竞争，而是商业模式的竞争”近几年，关于商业模式的内涵正由经济、运营层次向战略层次延伸，强调商业模式要能在特定的市场上创造可持续竞争优势。作为战略新兴产业，VR 产业的影响也在不断深入，各种面向 VR 产业的商业模式也在不断涌现，VR 商业模式正逐步形成一个包括产品、服务、市场、供应链等诸多要素的、市场需求与资源紧密相连的系统。

目前全球 VR 产业生态格局基本上是“巨头搭建生态骨架，中小型创新公司是技术与内容主要来源”。具体来看，硬件厂商和平台搭建者通过投资和合作开发等形式打破软硬件、渠道和内容之间的壁垒，构造 VR 生态闭环。而中小型创业公司在头戴设备、输入外设、内容制作工具、游戏研发、影视制作、工具软件研发等方面形成细分专业领域。在具体研究上，申万宏源在研究报告《VR 产业全球趋势与 8 种典型商业模式》依据 VR 厂商的分类提出了若干典型的商业模式，如图 9-3 所示。

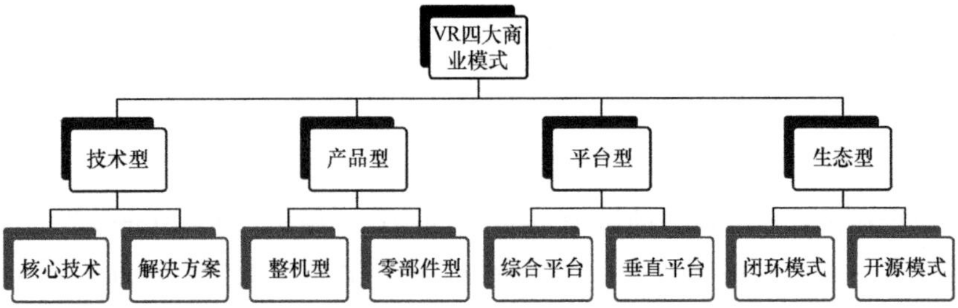

图 9-3　VR 典型商业模式

图中，VR 厂商分为四类，其中，生态型和平台型厂商以行业巨头为主，业务遍及整个 VR 产业链，投资升值空间大，优胜者长期回报丰厚；技术型和产品型公司以创业型厂商为主，迭代迅速，短期营收前景好。具体对应的商业模式如下所述。

（1）生态型：生态型厂商的商业模式包括闭环模式与开源模式两类。闭环型以硬件产品为基础建立应用商店和应用开发平台，吸引第三方开发者加入。收入来源包括 VR 设备和外设产品销售收入、应用与内容销售收入、第三方产品销售分成以及营销增值服务等。闭环模式下硬件用户规模与应用开发规模相辅相成，目前市场只有 Oculus、暴风魔镜等少数巨头厂商有能力搭建完整生态系统，市场培育较慢，但巨头盈利空间大。开源模式以标准化开源操作系统和开发平台为基

础，吸引第三方硬件厂商和应用开发者使用。收入来源包括平台软硬件服务、第三方产品销售分成、营销增值服务等。开源模式下第三方软硬件厂商汇集同一平台，建立行业标准，丰富硬件和应用来源，加快产业成熟过程，代表公司包括 OSVR 等。

（2）平台型：平台型厂商是 VR 内容的入口，通过产品销售和增值服务盈利。优质 VR 平台需要解决用户服务和供应商关系，一是和内容提供商确立分成关系，帮助独立开发者推介产品，提供技术支持；二是以用户为根本，完善的线上应用商店，提供便捷的购买支付手段、网上互动社区等服务。

综合平台主要依托特定硬件设备，面向普通用户，和设备厂商合作搭建应用商店或分发平台，建设兼容型跨设备、跨产品应用商店，提供网上下载与分享社区等，代表模式有 GooglePlay 模式。垂直平台主要依托内容制作公司，面向特定用户群，和内容提供商合作，充当内容产业链的下游渠道，便于开发者和消费者的交流沟通，其开放性更强，代表厂商有 Steam VR 等（图 9-4）。

图 9-4　Steam VR 的游戏商店

（3）产品型：国内 VR 产品需求量持续旺盛，智能手机、平板计算机、可穿戴智能硬件市场发展迅速，全球占比均在 15%以上，硬件用户逐渐累积，尤其是智能手机用户在游戏、视频方面的需求有望转化为对于市场的需求。产品型厂商业模式主要有整机型和零部件型两种。VR 整机产品竞争激烈，未来市场集中度逐步提高，产品差异化路线是竞争关键。短期内，能够布局小生态的硬件厂商具有更顺畅的投资逻辑，如暴风科技、乐视网、奥飞动漫、顺网科技。布局廉价版 VR 硬件的厂商有望最先对 VR 市场进行渗透并获取较好的销售量，短期内具备事件性投资机会，如联络互动（参股 Avegant）、华讯方舟等。

相比 VR 头戴设备，国内硬件厂商在周边外设产品上更容易取得技术突破，潜力领域包括摄像头组件、输入外设，以及 VR 音响系统等。硬件厂商对零部件有较强的进口和代工需求，大部分外设产品可直接面向消费者销售。VR 硬件终端需要内容和产业链支撑，小生态厂商具备发展机会。例如，全志科技在 VR 领域储备已久，偶米科技的首款 UranusoneVR 一体机采用全志科技的 H8 芯片方案，支持 8 核心并能够 2.0GHz 同时高速运行，其解码能力支持高解析度的游戏与视频。

（4）技术型：核心技术公司将逐步与硬件厂商整合，行业应用解决方案是未来市场开拓领域。显示、感应和交互三大技术难关是当前 VR 市场发展的最大限制，因此上游核心技术研发公司价值巨大，未来将逐步被硬件厂商整合。行业应用解决方案是当前市场盲点。根据 Trendforce 的预测，2020 年 VR 软件类收入达 500 亿美元，远超硬件设备收入 200 亿美元，预计其中近一半为行业应用软件和解决方案。

除以上几种模式外，还发展了极具中国特色的线下体验模式，如图 9-5 所示，这种模式依托大型商场娱乐中心建立的体验店或主题公园，目前取得了较好的发展。

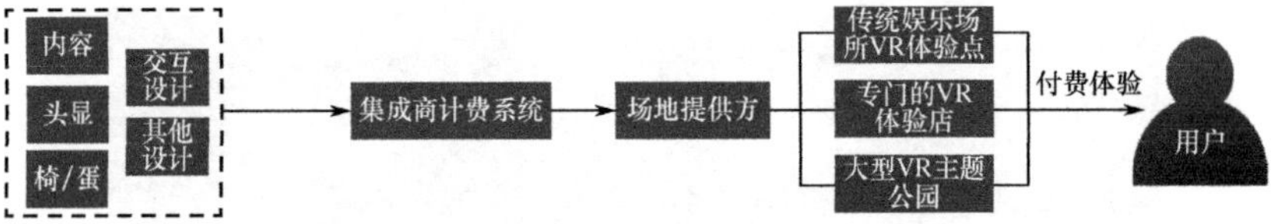

图 9-5　线下体验商业模式

第十堂课　虚拟现实未来趋势

一、关键技术不断取得突破

二、VR 产业进入爆发时期

三、VR 将对人类未来产生重大影响

虚拟现实是信息技术领域里程碑式突破，有望成为继计算机、智能手机之后新的通用计算平台，并将成为电子信息领域最受关注的产业之一。同时，虚拟现实技术的出现不仅在实用角度上展现了技术的内在魅力，而且改变了人类认识世界和改造世界的方式，必然会深刻地影响人类社会的未来。

一、关键技术不断取得突破

长远来看，虚拟现实技术主要沿着更大空间的多样化逼真感觉、更短时间的内容与环境交互两个维度发展。比如，逼真的立体视感和沉浸体验需要宽视野、高分辨率的显示技术和设备；虚拟大型地理数据进行三维浏览和交互处理时需要高容量的存储、通讯及大数据技术。未来的虚拟现实还将深度融合传感技术、机电控制、人工智能、量子通讯等技术，在建模与绘制方法、交互方式和系统构建方法等方面表现出了一些新的特点和发展趋势，如下所述。

1、人机交互适人化

构建适人化的和谐虚拟环境是 VR 的目标。目前头盔等 VR 设备虽然提供较强的沉浸感，但由于晕动症等情况的存在，在实际应用中效果并不好，并未达到沉浸交互的目的。未来随着技术的发展，虚拟现实技术将越来越多地采用人最为自然的视觉、听觉、触觉、自然语言等交互方式，VR 的交互性将取得更大进展。

2、计算平台移动化

互联网尤其是移动互联网的发展，计算已经无处不在，未来 VR 支撑平台将从高端的大型机、桌面 PC，发展到多种类型的手持式计算设备。同时，在 VR 系统中加入这类设备并结合无线网络，能较好地满足实际使用中便携和移动的要求。

3、虚实场景融合化

虚拟现实将现实环境的要素进行抽象，通过逼真绘制方法进行表现，但毕竟无法完全还原真实世界，因此将真实世界与虚拟世界有效融合具有研究和实际意义。未来，虚实融合将成为未来 VR 技术的重要发展方向，AR、MR 将逐步实用化，在某些应用领域逐渐显示出比 VR 更明显的优势。

4、环境信息综合化

传统的 VR 系统对自然环境的建模往往仅考虑地形几何数据，对大气、电磁等环境信息采用简化方式处理。为了更真实表现环境效果，需要考虑不同类型的数据，如地理、大气、海洋、空间电磁、生化等，并用不同的表现方式进行表现。

5、传输协议标准化

未来 VR 系统必然走向分布式应用，大规模的节点和实体数量，将带来网络传输的实时性问题。在构建分布式 VR 系统的过程中，网络协议是研究与应用的一项重要内容。目前已有的对应国际标准均是基于专用的网络环境，所制定的传输协议也都是基于专用网络环境和资源预先分配这两大前提。随着在 Internet 上 VR 应用的开展，基于公网的标准化工作将得到更深入的研究和普及。

6、场景数据规模化

数据的规模化是大型 VR 应用的显著特点。场景、模型的精细程度通常与数据量以几何关系增长，因此，需要研究 VR 系统数据的智能化分析与处理以及快速建模技术，使之能在减少开发维护工作量的同时满足各类应用的需要。

二、VR 产业进入爆发时期

2016 年，虚拟现实资本市场持续火热，产品逐步进入大众消费市场，应用领域不断扩张，是公认的虚拟现实元年。展望未来，虚拟现实产业政策将加速出台落地，硬件、软件和内容应用等产业链关键环节将快速发展，投资和变现模式将逐步清晰，产业规模仍将保持快速增长。

1、虚拟现实产业规模极速扩张

随着虚拟现实消费级产品的不断推出，虚拟现实产业据 ABI-Research 预测，虚拟现实设备出货量将由 2015 年的 150 万台增长至 2020 年的 4300 万台，年复合增长率高达 106%。高盛预测，2025 年虚拟现实市场规模有望达到 1820 亿美元。艾媒咨询预测，2020 年我国虚拟现实行业市场规模将达 553 亿元，VR 用户群体规模增加将超过 50~100 倍，潜在用户规模达 2.86 亿，VR 产业正式进入爆发时期。

2、国家和区域政策将陆续出台

虚拟现实作为科技前沿领域，受到了全球各国以及地方政府的高度重视。美国、韩国等科技发达国家均从政府层面支持虚拟现实产业发展。我国在《"十三五"国家科技创新规划》、《"十三五"国家信息化规划》、《"互联网+"人工智能三年行动实施方案》、《智能硬件产业创新发展专项行动（2016—2018 年）》等国家政策中明确提出鼓励和支持虚拟现实产业发展，同时，福建、贵州、重庆、南昌、长沙等多个省、市纷纷出台推动虚拟现实产业发展的专项政策。随着虚拟现实产业进一步发展，国家层面的顶层规划以及后发区域的相关政策有望陆续出台，未来国家对 VR 产业的投入将会越来越大，为虚拟现实技术创新和产业化提供强大支撑。

3、行业标准将成为市场竞争焦点

目前，虚拟现实领域尚没有形成成熟的行业标准，各个主要企业都在力推自身的设备接口和操作平台，抢占行业事实标准制高点。例如，在系统平台方面，谷歌推出 Daydream 平台，力图延续 Android 的推广策略，打造全新的 VR 生态系统；微软则借助 Windows 的市场优势，推出 WindowsHolographic 系统平台，欲把其打造成类似 PC 行业中 Windows 一样的地位。在硬件设备方面，三星、索尼、HTC 等均闭环开发自己的硬件终端及周边适配产品，并通过与内容开发商合作或自己发布仅适配自身硬件产品的内容，逐步完善产品生态，抢占硬件设备接口标准。未来，VR 行业的标准体系将逐步形成并不断完善，行业准入门槛将不断抬高，当前仅仅依靠低劣的模仿 VR 来盈利的厂商将会被市场淘汰，在技术领域有着核心竞争力的企业将成为VR市场的主流军。各大巨头将在各自领域继续发力，通过整合产业资源，围绕自身业务完善虚拟现实生态体系，角逐行业细分领域事实标准。

4、软硬件技术大幅进步

随着技术逐渐成熟、移动智能设备不断普及和移动互联网进一步发展，虚拟现实硬件生产将逐渐实现产业化、规模化。包括目前国内领先厂商在屏幕刷新率、屏幕分辨率、延迟和设备计算能力等关键指标已经达到国际标准，其他方面的技术如输入设备在姿态矫正、复位功能、精准度、延迟等方面持续改善；传输设备提速和无线化；更小体积硬件下的续航能力和存储容量不断提升；配套系统和中间件开发也日趋完善，硬件设备的用户体验将逐步提高。

软件、系统和分发平台的发展是连接底层硬件和上层应用的纽带，是推动虚拟现实产业发展的核心，也是掌握产业发展制高点、完善产业生态体系的关键环节。目前Windows、Android系统已经能够较好地支持VR的软硬件、提供较好的体验，支撑消费级应用，而Google、Oculus、Razer还都在开发VR专用系统。预计未来国内VR系统、应用都将跃上一个台阶；VR系统越发成熟，将会有更加适配VR设备的系统出现，系统兼容性也会逐步提高。未来，随着360°视频、自由视角视频、计算机图形学、光场等媒体技术的演进，三维引擎、位置定位、动作捕捉等交互技术的发展，虚拟现实软件技术将大幅进步，并将极大地推动虚拟现实产业发展。

5、VR内容的数量和质量不断提升

虚拟现实产业链覆盖了硬件、系统、平台、开发工具、应用于及消费内容等多个环节。各个环节相互促进、相互协作、相互制约。仅有硬件和软件的技术进步，没有杀手级内容和应用，也无法引爆消费市场。任何一个环节发展滞后都将严重影响虚拟现实产业的进步，只有各环节协作发展才能有效推动虚拟现实产业的进步。目前，虚拟现实产业硬件终端市场已经率先爆发，而内容和应用发展相对滞后。但是，已经有大量内容公司投入VR内容的开发制作，预计未来内容和应用市场将受到较大关注，软硬件和内容应用的适配将更加顺畅，VR内容的数量和质量将会得到质的提升，VR应用分发会逐渐成为一个独立产业环节。

6、应用市场将同时向 B 端和 C 端延伸

虚拟现实作为一种新兴信息技术，未来，随着交互技术的发展和沉浸感的不断增强，将对社会生活以及各个行业领域产生深远影响。在 C 端市场，其与游戏、视频、直播等领域结合将开创娱乐市场新纪元，与电商消费领域相结合将塑造消费市场新格局。在 B 端市场，虚拟现实与工业、医疗、教育等行业领域深度融合将助力产业转型升级。例如，在智能制造领域，微软与 Autodesk 合作将虚拟现实整合到计算机辅助设计中，助力汽车设计和制造，为智能制造和工业 4.0 的推进提供了重要机遇窗口。随着软硬件性能提升和内容应用的不断丰富，虚拟现实应用市场将不断拓展，将从多个角度、多个层面渗入社会生产、生活的各个领域。

7、集聚发展将成为重要产业发展模式

虚拟现实作为拥有完整产业链结构、产业边界明显的新兴信息技术产业，推动其集聚发展将成为推动区域经济增长的重要支撑。当前，我国各省市积极布局，加紧打造中国·福建 VR 产业基地、数字福建（长乐）产业园、青岛 VR/AR 产业创新创业孵化基地、中国·南昌 VR 产业基地、红谷滩新区 VR 产业园、中国郑州 VR/AR 孵化器、中国西部虚拟现实产业园、贵州省贵安新区 VR 产业基地、北斗湾 VR 小镇、光大 We 谷-东莞虚拟现实产业基地、中国·潍坊虚拟与现实文化产业园等虚拟现实科技和产业集聚区。未来，随着已建设产业集聚区的经济带动效应显现，将有更多地区建设产业基地、孵化器、小镇、产业园等形式的集聚区，推动虚拟现实产业集聚发展。

8、拥有核心技术的企业将成为投资热点

在微软、谷歌、苹果、Facebook、阿里巴巴等国际国内科技巨头以及红点创投、红杉资本等资本大鳄的共同推动下，2016 年虚拟现实资本市场持续火热。据 CBInsights 报告显示，2016 年虚拟现实领域共获得 18 亿美元投资，同比增长 140%；投资交易达 171 宗，同比增长 14%。大宗融资中，除了 MagicLeap，还包括 VR 系统开发公司 MindMaze 获得 1 亿美元投资，内容平台 NextVR 获得 8000 万美元 B 轮融资，头盔制造商 OsterhoutDesignGroup 获得 5800 万美元 A 轮投资，以及 VR 游戏工作室 Survios 获得 5000 万美元 C 轮融资。上述获得大额投资的企业均是在某一细分领域掌握核心技术的企业。预计未来一段时间，在经历了市场过热后，资本市场将更加冷静，投资将更加谨慎，真正拥有核心技术的企业将成为投资热点。

三、VR 将对人类未来产生重大影响

从以上分析看，虚拟现实无论是技术还是产业，基本所有的研究报告都指向了一个观点，即 VR 很快就将实现普及。甚至有人从 PC 机、智能手机、IMAX 电影等电子产品技术和产业演变历史中认为，VR 就像前几类产品一样，很快就会成为下一代计算机平台。虽然这些观点都充满了争议，也不尽完全正确，但 VR 普及确实只是一个时间问题。

作为一种现实的技术存在，虚拟现实技术把人类的活动从现实世界扩展到虚拟世界，把“想象的现实”变为“现实的想象”，促进了人与技术系统的完美结合，从认识和实践两方面极大地拓展了人类的能力范围，为人类认识世界、改造世界提供了新的工具。虽然虚拟现实技术目前仍存在尚待解决的理论问题和尚待克服的技术障碍，对于人类生活所产生的巨大影响也不过初显端倪，但已经引起人们的广泛关注，人们探讨的视角也已经从技术层面延伸到哲学和文化层面，尤其是虚拟现实技术对人类社会的全面发展方面，提出了各种各样的预测和观点。本书的最后不打算探讨深奥的哲学理论，而是摘录国内著名的虚拟现实理论先驱、《有无之间》作者、山大学哲学系翟振明教授在《哲学研究》2001 年 6 月号的《虚拟实在与自然实在的本体论对等性》论文中的有关内容，作为虚拟现实对人类社会未来发展的一个参考。

第一阶段：从感觉的复制或合成到赛博空间中的浸蕴体验。

2001 年：眼镜式三维图像荧光屏再加上立体声耳机被装在头盔上，用无线电波与计算机接通。

2008 年：人们戴上传感手套后手臂、手掌、手指的动态形象在眼镜式荧光屏上出现，代替键盘和光标。

2015 年：传感手套获得双向功能，根据计算机的指令给手掌及手指提供

刺激产生触觉；视觉触觉协调再加立体声效果配合，赛博空间初步形成。

2035 年：压力传感手套扩展至压力传感紧身服，人的身体的视界内部分的自我动态形象在赛博空间中重现。人们感觉到自身进入了赛博空间，此空间以自己的视界原点为中心。

2037 年：传感行走履带或类似的设施与人的两腿相接从而给计算机传送人的行走信号，从而给“不出门而走遍天下”创造了一个必要的条件。

2040 年：整个人体的动态立体形像与环境中的其他物体形象相互作用，由此产生相应的五官感觉输入。

2050 年：录触机进入实用阶段，利用压力传感服等装备人们可以录制、重放触觉。

2060 年：赛博空间与互联网结合，上网即进入赛博空间，与其他上网的人进行感觉、感情的交流，远方的恋人可以相互拥抱。

2070 年：通过编程控制，人们可以在一定范围内选择自己的形象及环境的氛围，改变感觉的强度。

2080 年：通过感觉放大或重整，人际交往的内容、感情交流的方式得到巨大的充实、改善。

2090 年：在赛博空间中的交往成为人们日常交往的主要方式。

第二阶段：从感觉传递的交往过程到遥距操作的物理过程。

2100 年：遥距通信技术与机器人技术相结合，浸蕴在赛博空间的人的视觉、听觉、触觉等由远方机器人提供刺激源。

2150 年：机器人不但给远方的浸蕴者提供感官刺激界面，而且重复浸蕴者的动作主动向遇到的物体或生命体施加动作，完成浸蕴者想要完成的任务。

2180 年：遥距操作发展到集体合作的阶段：由不同的浸蕴者控制的机器人替身一起完成复杂的室内或户外作业。

2200 年：遍布全球的机器人替身可与任何浸蕴操作者一一接通。人们无须物理上的旅行就可到达各个地方，完成各种工、农、商业的任务。

2250 年：机器人分成不同大小和马力的等级，浸蕴者可在这些不同等级的替身之间自动换挡连接，根据需要而达到功率或动作的放大或缩小。

2300 年：人类的大多数活动都在虚拟实在中进行。在其基础部分进行遥距操作，维持生计；在其扩展部分进行艺术创造、人际交往，丰富人生意义，通过编程改变世界的面貌。

2600 年：在虚拟实在中生活的我们的后代把我们今天在自然环境中的生活当作文明的史前史，并在日常生活中忘却这个史前史。

3000 年：史学家们把 2001 年至 2600 年当作人类正史的创世纪阶段，而史前史的故事成为他们寻根文学经久不衰的题材。

3500 年：人们开始创造新一轮的虚拟实在……

这个时间表跨越了从 2001 年到 3500 年一共 1500 年的时间。1500 年前，中国的敦煌石窟壁画，也许是人类最早的"全景"画作，而且这种最大限度利用四周墙壁和天花板的作画方式，使观众获得的沉浸程度，堪比当今的"洞穴"投影系统。那时的艺术家创作飞天的时候，他一定不会想到 1500 年后的艺术家使用虚拟现实手段再现了这一经典艺术形象，同样，我们也无法想象 1500 后的世界会发生什么，但我们可以肯定的是整个世界已经发生了翻天覆地的变化。时代不同，历史不同，永远不变的是改变本身。人类对于未来的憧憬是相同的，对生活中美的追求是相同的。不管面对虚拟还是现实，我们这一代人有我们这一代的使命，在风口之际，踏上 VR 浪潮，就有可能像几十年来那些虚拟现实先驱那样，开拓了 VR 历史，同时成就自己。

图 10-1　VR 的历史与未来

反侵权盗版声明

电子工业出版社依法对本作品享有专有出版权。任何未经权利人书面许可，复制、销售或通过信息网络传播本作品的行为；歪曲、篡改、剽窃本作品的行为，均违反《中华人民共和国著作权法》，其行为人应承担相应的民事责任和行政责任，构成犯罪的，将被依法追究刑事责任。

为了维护市场秩序，保护权利人的合法权益，我社将依法查处和打击侵权盗版的单位和个人。欢迎社会各界人士积极举报侵权盗版行为，本社将奖励举报有功人员，并保证举报人的信息不被泄露。

举报电话：（010）88254396；（010）88258888

传　　真：（010）88254397

E-mail：　dbqq@phei.com.cn

通信地址：北京市万寿路 173 信箱

　　　　　电子工业出版社总编办公室

邮　　编：100036

读者调查及征稿

1. 您觉得这本书怎么样？有什么不足？还能有什么改进？

2. 您在什么行业？从事什么工作？需要哪些方面的图书？

3. 您有无写作意向？愿意编写哪方面的图书？

4. 其他：

说明：

针对以上调查项目，可通过电子邮件直接联系：bjcwk@163.com

联系人：陈编辑

欢迎您的反馈和投稿！

电子工业出版社